高等教育"十二五"规划教材

冷冲模设计
指导教程
与简明手册

（课程设计　毕业设计）

主　编：周　理
副主编：罗正斌　张建卿
　　　　王新林　宋　斌
主　审：徐政坤

LENGCHONGMO
SHEJIZHIDAOJIAOCHENGYUJIANMINGSHOUCE

中南大学出版社
www.csupress.com.cn

图书在版编目(CIP)数据

冷冲模设计指导教程与简明手册/周理主编.—长沙：
中南大学出版社,2010
ISBN 978 – 7 – 5487 – 0018 – 0

Ⅰ.冷…　Ⅱ.周…　Ⅲ.冷冲压 – 冲模 – 设计　Ⅳ.TG385.2

中国版本图书馆 CIP 数据核字(2010)第 064730 号

冷冲模设计指导教程与简明手册

主　编　周　理
副主编　罗正斌　张建卿　王新林　宋　斌
主　审　徐政坤

□责任编辑　谭　平
□责任印制　易红卫
□出版发行　中南大学出版社
　　　　　　社址：长沙市麓山南路　　　　　邮编:410083
　　　　　　发行科电话:0731-88876770　　　传真:0731-88710482
□印　　装　长沙印通印刷有限公司

□开　　本　787×1092 1/16　□印张 16.5　□字数 403 千字　□插页
□版　　次　2010 年 4 月第 1 版　□2015 年 1 月第 2 次印刷
□书　　号　ISBN 978 – 7 – 5487 – 0018 – 0
□定　　价　39.00 元

高等教育机电类专业规划教材
国家技能型紧缺人才培训教材
编写委员会

主　任：金潇明

副主任：（以姓氏笔画为序）

李建跃　肖智清　钟振龙　梁　勇　曾宪章

委　员：（以姓氏笔画为序）

王志泉　　王定祥　　王凌云　　皮智谋　　许文全

刘茂福　　肖正祥　　汤光华　　汤忠义　　李绪业

张导成　　欧阳中和　张秀玲　　张若峰　　胡智清

晏初宏　　徐政坤　　郭紫贵　　黄红辉　　梁旭坤

董建国　　曾霞文　　管文华　　谭海林　　樊小年

内容介绍

本教程是一本以工作任务为驱动、工作过程为导向的"教、学、做"三合一的职业技术实训课程教材。

本教材的特点：紧密联系实际，突出综合能力的培养，对冷冲模课程设计和毕业设计有较强的指导性。

本书共 8 章，从制定零件的冲压工艺以及模具结构设计的实用角度出发，通过设计实例，详细介绍冲裁模、弯曲模、拉深模的设计方法和步骤；根据国家冷冲模相关标准，结合读者特点，精心挑选了实用的冷冲压设计数据资料；从拓展读者对本专业广度和深度的要求角度出发，还选编了各种典型的模具结构和部分设计课题。读者对照本书，再配以相应的教材，基本上能独立完成冷冲模课程设计和毕业设计。

本书可作为大学本科、高职高专各类院校冷冲模课程设计与毕业设计的指导教材，也可供从事冷冲模设计的工程技术人员参考。

总　序

加入世贸组织后，我国机械制造业迎来了空前的发展机遇，我国正逐步变成"世界制造中心"。为了增强竞争能力，中国制造业开始广泛使用先进的数控技术、模具技术，21世纪机械制造业的竞争，其实是数控技术的竞争。随着数控技术、模具技术的迅速发展及数控机床的急剧增长，我国机械企业急需大批数控机床编辑、操作、维修技术人才及模具设计与制造技术人才，而目前劳动力市场这种技术应用型人才严重短缺。为此，教育部会同劳动和社会保障部、国防科工委、信息产业部、交通部、卫生部联合启动了"职业院校制造业和现代服务业技能型紧缺人才培养培训工程"，明确了高等职业教育的根本任务就是要从劳动力市场的实际需要出发，坚持以就业为导向，以全面素质为基础，以能力为本位，努力造就数以千万计的制造业和现代服务业一线迫切需要的高素质技能型人才。并在全国选择确定了90所高职院校、96所中职院校作为数控技术技能型紧缺人才培养培训工程示范院校，推荐403个企事业单位作为校企合作数控培养培训基地。计划短期内年向社会输送数控专业毕业生数十万人，提供短期培训数十万人次，以缓解劳动力市场数控技能型人才紧缺的现状。

大量培养技能型人才中的一个重要问题就是教材。在机电类专业高等职业教育迅速发展的同时，具有高职特色的机电类专业教材极其匮乏，不能满足技能型人才培养的需要。为了适应机电类高职教育迅速发展的形势，在湖南省教育厅职成处，湖南省教育科学研究院的支持、指导和帮助下，湖南省高等职业教育机电类专业教学研究会和中南大学出版社进行了广泛的调研，探索出版符合高职教育教学模式、教学方式、教学改革的新教材的路子。他们组织全国30多所高职院校的院系领导及骨干教师召开了多次教材建设研讨会，充分交流了教学改革、课程设置、教材建设的经验，把教学研究与教材建设结合起来。并对机电类专业高职教材的编写指导思想、教材定位、特色、名称、内容、篇幅进行了充分的论证，统一了思想，明确了思路。在此基础上，由湖南省高等职业教育机电类专业教学研究会牵头，成立了"湖南省机电类专业规划教材编委会"，组织编写出版了高等职业教育机电类专业系列教材，这套教材包括机电类所有专业的公共专业基础课教材及数控、模具专业的核心专业课教材。教材的编委会由业内权威教授、专家、高级工程技术人员组成，作者都是具有丰富教学经验、较高学术水平和实践经验的教授、专家及骨干教师、双师型教师。编委会通过推荐、招标、遴选确定了每本书的主编，并对每本书的编写大纲、内容进行了认真的审定，还聘请了中南大学、湖南大学等高校的教授、专家担任教材主审，确保了教材的高质量及权威性和专业性。

根据高职教育应用型人才培养目标，这套教材既具有高等教育的知识内涵，又具有职业教育的职业能力内涵，主要体现了以下特点。

（1）以综合素质为基础，以能力为本位。

本套教材把提高学生能力放在突出的位置，符合教育部机电类专业教学基本要求和人才培养目标，注重创新能力和综合素质培养。尽量做到理论与实践的零距离，教材的编写注重技能性、实用性，加强实验、实训、实习等实践环节，力求把学生培养成为机电行业一线迫切需要的应用型人才。

(2) 以社会需求为基本依据，以就业为导向。

适应社会需求是职业教育生存和发展的前提，也是职业教育课程设置的基本出发点。本套教材以机电企业的工作需求为依据，探索和建立根据企业用人"订单"进行教育与培训的机制，明确职业岗位对核心能力和一般专业能力的要求，重点培养学生的技术运用能力和岗位工作能力。教材选用了技术先进、占市场份额最大的 FANUC（法那科）、SEMENS（西门子）和华中等典型数控系统，既具针对性，又兼适应性，使学生具有较强的就业岗位适应能力。

(3) 反映了机电领域的新知识、新技术、新工艺、新方法。

本套教材充分反映了机电行业内最新发展趋势和最新研究成果，体现了数控、模具领域的新知识、新技术、新工艺、新方法，克服了以往专业教材中存在的内容陈旧、更新缓慢的弊端，选择了目前最新的数控系统为典型实例，采用了最新的国家标准及相关技术标准。

(4) 贯彻学历教育与职业资格证、技能证考试相结合的精神。

本套教材把职业资格证、技能证考证的知识点与教材内容相结合，将实践教学体系与国家职业技能鉴定标准实行捆绑，设计了与数控（车、铣）等工种技能考证基本相同的教材体系和标准板块，安排了相应的考证训练题及考证模拟题，使学生在获得学分的同时，也能较容易获得职业资格证书。

(5) 教材内容精练。

本套教材以工程实践中"会用、管用"为目标，理论以"必需、够用"为度，对传统教材内容进行了精选、整合、优化和压缩，能更好地适应高职教改的需要。由于作了统一规划，相关教材之间内容安排合理，基础课与专业课有机衔接，全套教材具有系统性、科学性。

(6) 教材体系立体化。

为了方便老师教学和学生学习，本套教材提供了电子课件、电子教案、教学指导、教学大纲、考试大纲、题库、案例素材等教学资源支持服务平台。

教材的生命力在于质量，而提高质量是永恒的主题。希望教材的编委会及出版社能做到与时俱进，根据高职教育改革和发展的形势及机电类专业技术发展的趋势，不断对教材进行修订、改进、完善，精益求精，使之更好地适应高等职业教育人才培养的需要，也希望他们能够一如既往地依靠业内专家，与科研、教学、产业第一线人员紧密结合，加强合作，不断开拓，出版更多的精品教材，为高等职业教育提供优质的教学资源和服务。

王键

（序作者为湖南省教育厅副厅长，教授、博士生导师）

前　言

本教材认真贯彻《关于全面提高高等职业教育教学质量的若干意见》（教高［2006］16号）文件精神，和"以服务为宗旨，以就业为导向，走工学结合发展道路"的办学方针，根据教育部高等职业教育模具设计与制造专业教学委员会指定的"冷冲压工艺及模具设计"课程基本要求，总结近几年各职业院校的实际教学经验与教改情况，由具有丰富专业教学经验及生产实际经验的双师型教师编写，是一本以工作任务为驱动、工作过程为导向的"教、学、做"三合一的职业技术实训课程教材。其特点是：

1. 在内容选择上充分体现"理论够用，能力为本，应用型人才培养"的新世纪应用型人才培养的思想，以工作任务为中心构建教材，彰显针对性、实践性和指导性强的特征，通过设计实例，按照生产实际要求和实际方法、步骤，较详细地叙述了冲裁模、弯曲模、拉深模的设计方法和步骤。读者参照本书，再配以相应的教材，基本上能独立完成冷冲模课程设计和毕业设计。

2. 本书精选了设计常见冷冲模具所必需的一般设计资料和最新的冷冲模国家标准及行业标准，对冷冲压工艺及模具设计的相关知识进行了必要的融合，对引导读者形成实践计划方案，完成具体的工作任务有很强的针对性。为了方便教学，书后还附录了部分设计课题。

3. 从拓展读者对本专业广度和深度的要求角度出发，本书选编了典型的模具结构，对于解决实际问题也有很好的借鉴作用和参考性。

4. 本教材语言精简、表述明确、通俗易懂，归纳与对比多用图表来代替文字说明。

本书可作为大学本科、三年制高职高专各类院校冷冲模课程设计与毕业设计的指导教材，也可供从事冷冲模设计的工程技术人员参考。

本书由湖南工业职业技术学院周理主编，并编写第一章、第二章、第三章实例一第六章、第八章内容，第三章实例二由娄底职业技术学院的罗正斌编写，第四章由张家界航空工业职业技术学院宋斌编写，第五章由怀化职业技术学院张建卿编写，第七章由湖南科技职业学院王新林编写。全书由张家界职高职业技术学院徐政坤担任主审。

由于编者水平有限，书中不足之处，恳请广大读者批评指正。

编　者

目　　录

第 1 章　冷冲模设计概述

1.1　冷冲模设计的目的、内容、步骤及注意事项

　　冷冲模设计与制造实训是模具设计与制造专业教学中重要的实践教学环节之一，它是在学生学习了基本的冷冲模设计与制造理论知识以后，为了强化学生所学的知识和提高学生的初步设计能力及实际动手能力而开设的实践教学环节。

1.1.1　冷冲模设计的目的

　　(1)综合运用和巩固本课程及有关课程的基础理论和专业知识，进行一次冷冲压模具设计工作的实际训练，培养学生从事冷冲模设计与制造的初步能力。

　　(2)巩固与扩充"冷冲模设计"等课程所学的内容，经过实训环节，使学生能全面理解和掌握冷冲压工艺、模具设计等内容；掌握冲压工艺与模具设计的基本方法和步骤及工艺规程编制；独立解决在制定冲压工艺规程、设计冲模结构中出现的问题。

　　(3)掌握冷冲模设计的基本技能，学会查阅技术文献、资料和手册，熟悉标准和规范等，完成从事冲压技术工作的人员在冷冲模设计方面所必须具备的基本能力训练。

　　(4)在冷冲模设计实训中，培养学生认真负责、踏实细致的工作作风和严谨的科学态度，强化质量意识和时间观念，养成良好的职业习惯。

1.1.2　冷冲模设计的内容

　　冷冲模设计分为课程设计和毕业设计两种形式。

　　课程设计通常在学完冷冲模设计课程后进行，时间为 1～2 周，一般以设计简单的、具有典型结构的中小型模具为主，要求学生独立完成：

　　(1)制订冲压工艺方案，填写工艺卡一张；

　　(2)模具装配图一张，工作零件图 2～3 张；

　　(3)设计说明书一份。

　　毕业设计是在学生学完全部课程后进行，时间为 7～9 周，以设计中等程度以上的大、中型模具为主，要求每个学生独立完成：

　　(1)冲裁件的工艺分析、工艺设计、工艺计算等，制订冲压工艺方案，填写工艺卡一张；

　　(2)进行冷冲模结构设计，绘制 1～2 套不同类型的模具总装图；

　　(3)进行零件的结构设计，绘制全部零件图；

　　(4)设计说明书一份；

　　(5)毕业设计完成以后进行答辩。

1.1.3　冷冲模设计的步骤(如图 1 – 1 所示)

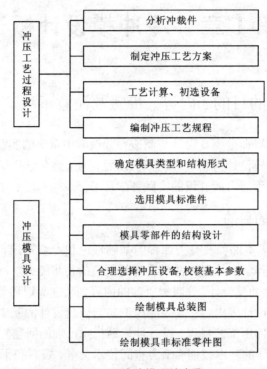

```
                    ┌─────────────────────────────┐
                    │         分析冲裁件           │
                    ├─────────────────────────────┤
        冲          │      制定冲压工艺方案         │
        压          ├─────────────────────────────┤
        工          │     工艺计算、初选设备        │
        艺          ├─────────────────────────────┤
        过          │     编制冲压工艺规程          │
        程          └─────────────────────────────┘
        设
        计
```

```
                    ┌─────────────────────────────┐
                    │    确定模具类型和结构形式      │
                    ├─────────────────────────────┤
        冲          │       选用模具标准件          │
        压          ├─────────────────────────────┤
        模          │     模具零部件的结构设计       │
        具          ├─────────────────────────────┤
        设          │ 合理选择冲压设备,校核基本参数  │
        计          ├─────────────────────────────┤
                    │       绘制模具总装图          │
                    ├─────────────────────────────┤
                    │     绘制模具非标准零件图       │
                    └─────────────────────────────┘
```

图 1 – 1　冷冲模设计步骤

1. 分析冲裁件的冲压工艺性

根据设计题目的要求,对冲裁件的结构工艺性和精度及断面粗糙度进行分析,分析其是否符合冲压工艺要求,如果发现冲裁件的冲压工艺性差,则需要对其提出修改意见,经产品设计人员同意后方可修改。

2. 制定冲压工艺方案

确定工艺方案主要是确定各次冲压加工的工序性质、工序数量、工序顺序、工序的组合方式等,冲压工艺方案的确定要考虑多方面的内容(如产品质量、生产效率、模具制造的难易程度和模具寿命的高低、工艺成本、操作方便、安全程度等),有时还必须进行必要的工艺计算,进行综合分析、比较,最终确定最经济合理的工艺方案。

3. 进行必要的工艺计算

1)计算毛坯尺寸。

2)排样,进行材料利用率计算,在最经济的原则下合理使用材料。冲裁模设计过程中,排样图设计是进行设计的第一步。每个制件都有自己的特点,每种工艺方案考虑的出发点也不尽相同,因而同一制件也可能有多种不同的排样方法。在设计排样图时,必须考虑制件的精度、模具结构、材料利用率、生产效率、人员操作习惯等因素。

制件外形简单、规则,可以采用直排单排排样,排样图设计较为简单,只需要查出搭边值即可求出条料宽度,画出排样图。若制件外形复杂,或为了节约材料,提高生产率而采用斜排、对排、套排等排样方法时,设计排样图较为困难,可利用计算机辅助排样,或用纸板按比例作出若干个样板,利用实物进行排样。在设计排样图时往往要同时对多种不同排样方案计算材料利用率,比较各种方案的优缺点,选择最佳排样方案。

3)计算冲压力,包括冲裁力、弯曲力、拉深力、卸料力、推件力、压边力等,以便合理选择压力机。

4)计算模具压力中心,防止模具因受偏心载荷作用影响模具精度和寿命。

5)确定凸、凹模的间隙,计算凸、凹模工作部分尺寸。

6)计算或估算模具各主要零件(凹模、凸模固定板、垫板、凸模)的外形尺寸,以及卸料橡胶或弹簧的自由高度等。

7)对于拉深模,需要计算是否采用压边圈,计算拉深次数、工序件的尺寸。

4. 编制工艺规程,填写冲压工艺卡片

5. 确定模具类型及结构形式,绘制模具装配草图

根据确定的工艺方案、冲压件的形状特点、精度要求、生产批量、模具的制造和维修条件、操作的方便性与安全性要求以及利用和实现自动化的可能性等确定复合模、连续模或者单工序模。合理选择工件的定位方式、卸料方式等,绘制模具结构草图,草图应有足够的视图及必要的剖视图、断面图,能正确表达模具的工作原理,清楚地反映各零件之间的相互关系。

6. 选用模具标准件,进行模具零件的结构设计

模具的工作零件、定位零件、压料零件、卸料零件、导向零件、连接零件和紧固零件、弹簧、橡胶等,首先按《冷冲模国家标准》选用,若无标准,再进行设计。对于小而长的冲头,壁厚较薄的凹模等还需要进行强度校核。工艺计算确定了凹模的结构尺寸,可根据凹模的周界选用模架。模架的闭合高度、轮廓大小、压力中心应与选用的设备相适应。

7. 绘制模具总装配图和非标准零件图

根据模具装配草图绘制正式装配图,在装配图上还应画出制件图、排样图,填写零件明细表和技术要求等。

按照模具总装配图,拆画模具零件图,模具零件图既要反映出设计意图,又要考虑到制造的合理性,零件图上应标注全部尺寸、公差、表面粗糙度、材料及热处理、技术要求等。

1.1.4 冷冲模设计的注意事项

冷冲模设计的过程是从总体方案开始到完成全部技术设计,这期间要经过计算、绘图、修改等步骤。在设计过程中应注意以下问题:

1. 合理选择模具结构

根据零件图样及技术要求,结合生产实际情况,提出模具结构方案,分析、比较、选择最佳结构。

2. 采用标准零部件

应尽量选用国家标准件及工厂冷冲模标准件,使模具设计典型化及制造简单化,缩短设计制造周期,降低成本。

3. 其他

1)定位销的用法

冷冲模中的定位销常用圆柱销,其直径与螺钉直径相近,不能太细,一般用两个,对称排列，长度不要太长，其进入模体长度是直径的 2~1.5 倍。

2）螺钉的用法

固定螺钉拧入模体的深度不要太深，拧入铸铁件，深度是螺钉直径的 2~1.5 倍；拧入一般钢件，深度是螺钉直径的 1.5~2 倍。

3）打标记

铸件模板要设计出加工、定位及打印编号的凸台。

4）导柱、导套的要求

模具完全对称时，两导柱的导向直径不宜设计得相等，避免合模时误装方向而损坏模具刃口。导套长度得选取应保证开始工作时，导柱进入导套 10~15mm。

5）取放制件方便

设计拉深模时，所选设备得行程应是拉深深度（即拉深件高度）的 2~1.5 倍。

1.2　冷冲压工艺规程的编制

冲压生产中必须保证产品质量，必须考虑经济效益和操作的方便安全，全面兼顾生产组织各方面的合理性与可行性，这一切就是冷冲压工艺规程的制定。

冷冲压工艺规程包括原材料的准备，获得工件所需的基本冲压工序和其他辅助工序（退火、表面处理等），制定冷冲压工艺规程就是针对具体的冲压件恰当的选择各工序的性质，正确确定坯料尺寸、工序数目、工序件尺寸，合理安排冲压工序的先后顺序和工序的组合形式，确定最佳的冷冲压工艺方案。

1.2.1　冷冲压工艺规程编制的步骤

1. 收集冷冲压工艺的原始资料

冲压工艺规程的编制应在收集、调查研究并掌握有关设计的原始资料基础上进行。原始资料主要包括以下内容：

(1)冲压件的产品图及技术要求

(2)产品原材料的尺寸规格、性能及供应情况

(3)产品的生产批量及定型程度

(4)冲压设备条件

(5)模具制造条件及技术水平

(6)其它技术资料

2. 分析

冲压件的经济性和工艺性分析。

(1)冲压件的经济性分析　根据产品图或样机，了解冲压件的使用要求及功用，根据冲压件的结构形状特点、尺寸大小、精度要求、生产批量及原材料性能，分析材料的利用情况，是否简化模具设计与制造；产量与冲压加工特点是否适应；采用冲压加工是否经济。

(2)冲压件的工艺性分析　根据产品图或样机，对冲压件的形状、尺寸、精度要求、材料性能进行分析，判断是否符合冲压工艺要求；裁定该冲压件加工的难易程度；确定是否需要采取特殊的工艺措施。

3. 工艺计算

（1）排样与裁板方案的确定：

根据冲压工艺方案，确定冲压件或坯料的排样方案，确定条料宽度和步距，选择板料规格确定裁板方式，计算材料利用率。

（2）冲压工序件的形状和工序尺寸确定应遵循下列基本原则：

①根据极限变形系数确定工序尺寸　不同的冲压成形工序具有不同的变形性质，其极限变形系数也不同。

②工序件的过渡形状应有利于下道工序的冲压成形

③工序件的过渡形状与尺寸应有利于保证冲压件表面的质量。

④工序件的形状和尺寸应能满足模具强度和定位方便的要求

4. 冲压设备的选择

根据工厂现有设备情况、生产批量、冲压工序性质、冲压件尺寸与精度、冲压加工所需的冲压力、计算变形力以及模具的闭合高度和轮廓尺寸等因素，合理选定冲压设备的类型规格。

1.2.2　填写冷冲压工艺规程卡

冲压工艺卡以工序为单位，说明整个冲压加工工艺过程的工艺文件。它包括：工序名称；工序次数；制件的材料、规格、质量；制件简图或工序件简图；制件的主要尺寸；各工序所需的设备和工装（模具）；检验及工具、时间定额等。（表 1 - 1 为冲压工艺卡片格式，供参考使用）。

1.3　冷冲模装配图和零件图绘制的要求

1.3.1　装配图

模具装配图用以表达模具结构、工作原理、各零件之间的相互位置和装配关系等。一般用主视图和俯视图表示，若不能表达清楚时，再增加其它视图。一般以 1∶1 比例绘制，图上要标明必要的尺寸和技术要求。

1. 主视图

一般放在图样上面偏左，按模具正对着操作者方向绘制，采取剖视画法，一般按模具闭合状态绘制，在上下模之间有一完成的制件，制件断面涂黑。主视图是模具装配图的主体部分，应尽量将模具结构表达清楚，力求将成型零件的形状画完整。

2. 俯视图

俯视图通常布置在图样的下面偏左，与主视图长对正，习惯将上模移去，只反映模具的下模俯视的可见部分；或将上模的左半部分去掉，只画下模，而右半部分保留上模画俯视图，在俯视图上还应用双点划线绘出排样图和制件图。

3. 制件图和排样图

装配图上应绘出制件图，制件图一般画在图样的右上角，要注明制件的材料、规格、制件的尺寸、公差等。如位置不够，也允许画在其它位置或在另一页画出。

排样图布置在制件图的下方，应注明条料的宽度及公差、步距和搭边值，对于需要多工序冲压完成的制件，除绘出本工序的制件图外，还应该绘出上工序的半成品图，画在本工序制件图的左边。

表 1-1　冷冲压工艺规程卡

（厂名）	冲压工艺卡	产品型号		零部件名称		共　页
		产品名称		零部件型号		第　页
材料牌号及规格		材料技术要求	坯料尺寸	每个坯料可制零件数	毛坯重量	辅助材料
工序号	工序名称	工序内容	加工简图		设备	工艺装备	工时
						绘制（日期）	审核（日期）	会签（日期）
标记	处数	更改文件号	签字	日期	标记	处数	更改文件号	签字	日期			

排样图和制件图均按比例绘出，一般与模具的比例一致，特殊情况可以放大或缩小。它们的方位应与制件在模具中位置相同，若不一致，应用箭头指明制件成型方向。

4.标题栏和零件明细表

标题栏和零件明细表布置在图样的右下方，按照机械制图国家标准填写。零件明细表应包括件号、名称、数量材料、热处理、标准零件代号及规格、备注等内容。模具图中所有零件均应详细写在明细表中。

5.尺寸标注

图上应标注必要的尺寸，如模具闭合尺寸(如主视图为开式表达则写入技术要求中)、模架外形尺寸、模柄直径等。

6.技术要求

技术要求布置在图样的下部适当位置。其内容包括：(1)对于冷冲模应注明凸、凹模刃口间隙；(2)模具的闭合高度；(3)该模具的特殊要求；(4)其它按国家标准、行业标准或企业执行标准。

1.3.2　模具零件图

模具零件主要包括工艺零件和结构零件。课程设计要求绘制工作零件图，毕业设计则要求绘制除标准模架和标准紧固件以外的所有零件图，对于某些应模具的特殊结构要求而需要再加工的标准件也需要绘制零件图。

零件图的绘制应注意以下几个方面：

1)所选的视图应充分而准确地表示出零件内部和外部的结构形状和尺寸大小，视图(主视图、俯视图、剖视图、局部视图等)的数量应为最少。

2)零件图中的尺寸是制造和检验零件的依据，因此应慎重而细致地标注。尺寸既要完整，又要不重复。在标注尺寸前，应研究零件加工和检测的工艺过程，正确选定尺寸基准，做到设计、加工、检验基准三者统一，以利于加工和检验。模具零件在装配过程中需要加工的尺寸应标注在装配图上，若必须标在零件图上时，应在有关尺寸近旁注明"配作"、"装配后加工"等字样或在技术要求中说明。

3)所有的配合尺寸及精度要求较高的尺寸都应标注公差(包括几何公差)，未注公差尺寸按 IT14 级制造。模具工件零件(如凸模、凹模和凸凹模)的工作部分按计算值标注。

所有的加工表面都应注明表面粗糙度等级。正确确定表面粗糙度等级是一项重要的经济工作，一般来说，零件表面粗糙度等级可根据各个表面的工作要求及精度等级定。具体确定模具零件配合公差与表面粗糙度等级时，可参考表 7 - 8 - 1。

因装配需要留一定的装配余量时，可在零件图上标注出装配链补偿量及装配后求的配合尺寸、公差和表面粗糙度等。

对于凸模凹模配合加工，其配制尺寸可不标注公差，仅在该标称尺寸右上角注明上符号"＊"，并在技术条件中说明：注"＊"尺寸按凸模(凹模)配制，保证间隙即可。

4)两个相互对称的模具零件，一般应分别绘制图样；若绘在一张图纸上，必须标上图样代号。

5)模具零件整体加工、分切后成对或成组使用的零件，只要分切后各部分形状相则视为一个零件，编一个图样代号，绘在一张图样上，以利于加工和管理。

6)模具零件整体加工,分切后尺寸不同的零件,也可绘在一张图样上,但要用引标明不同的代号,并用表格列出代号、数量及重量。

7)技术条件:凡是用符号或在图样中不便于表示、而在制造时又必须保证的条件和要求都应在技术条件中注明,并且其内容随着不同的零件、不同的要求及不同的加工方法而不同。其中应主要注明:

(1)对材质的要求。如热处理方法及热处理后表面应达到的硬度等。

(2)表面处理、表面涂层以及表面修饰(如锐边倒钝,清砂)等要求。

(3)未注倒圆半径的说明,个别部位的修饰加工要求等。

(4)其它特殊要求。

1.4 冷冲模设计说明书内容及要求

为更全面培养学生的工作能力,也让教师进一步了解学生设计熟练的程度和知识水平,还要求学生编写设计说明书,用以阐明自己的设计观点、方案的优劣、依据和过程。

1.4.1 冷冲模设计说明书内容

1)目录

2)设计任务书及产品图

3)序言

4)冲裁件的冲压工艺分析

5)冲压工艺方案的制定

6)毛坯尺寸及工序件尺寸计算

7)排样图设计及材料利用率计算

8)模具工作零件的刃口尺寸或工作部位尺寸计算

9)工序压力计算及压力中心计算

10)冲压设备的选择

11)模具结构形式的确定

12)模具零件的选用、设计及必要的计算

13)其他需要说明的问题

14)主要参考文献目录

1.4.2 编写冷冲模设计说明书的要求

说明书中应附模具结构简图,所选参数及使用公式应注明出处,并说明式中符号所代表的意义和单位,所有单位一律使用法定计量单位。

说明书最后所附参考文献应包括:书刊名称、作者、出版社、出版年份。在说明书中引用所列参考资料时,只需在方括号中注明其序号及页数,如:文献[2]。

有条件的学校应尽可能应用 CAD/CAM 技术进行工艺分析和计算,要求学生在完成手工绘图后,再根据时间完成一定数量的计算机绘图任务,并用计算机打印出设计说明书。

第 2 章　冲裁模设计实例

2.1　实例一

制件如图 2 - 1 所示,材料为 Q235,料厚 2mm,制件精度为 IT14 级,年产量 30 万件。(图中未注圆角为 $R1$)

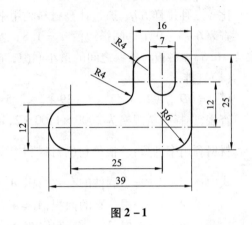

图 2 - 1

2.1.1　冲裁件工艺分析

从冲裁件的结构工艺性和冲裁件的精度和断面粗糙度两个方面进行分析。

1. 冲裁件的结构工艺性

表 2 - 1　冲裁件结构工艺性分析表

工艺性质	冲裁件工艺项目	工艺性允许值	工艺性评价
1. 零件结构			该零件结构简单,尺寸较小,厚度适中,一般批量,适合冲裁。
2. 落料圆角半径	$R4$、$R6$、$R1$	$\geqslant 0.25t$	符合工艺性
2. 冲裁件上的悬臂和凹槽	7	$\geqslant (0.9 \sim 1.0)t$	符合工艺性
4. 冲裁件孔的最小尺寸			
5. 最小孔边距、孔间距	4.5	$\geqslant t$	符合工艺性
6. 材料	Q235 $t = 2m$		具有良好的冲压性能

注意:有一定的批量,应考虑模具材料的选择,保证一定的模具寿命。

2. 冲裁件的精度和断面粗糙度

尺寸精度:零件图上所有未标注公差的尺寸为自由公差,按 IT14 级计算公差。精度适合用于冲裁。

表面粗糙度:零件图上所有未标注表面粗糙度,考虑为 $12.5\mu m$。适合冲裁。

结论:该制件符合冲裁工艺性,适合冷冲裁加工,其加工工艺性好。

2.1.2   冲压工艺方案的确定

该制件的加工只有一道工序,即落料,所以设计一单工序落料模。

2.1.3   冲压工艺计算

1. 排样图设计,材料利用率计算

比较三种排样方法,通过计算材料利用率,选择最佳排样方法。

查表 6 – 1 – 9 工件间搭边值 $a_1 = 1.8$,边缘搭边值 $a = 2.5$,条料宽度偏差查表 6 – 1 – 11,取 $\Delta = 0.5$,导料板与条料之间的最小间隙,查表 6 – 1 – 13,取 $Z = 0.5$。

(1)直排

$$B_{-\Delta}^0 = (D_{max} + 2a + Z)_{-\Delta}^0 = (39 + 2 \times 2.5 + 0.5)_{-0.5}^0 = 44.5_{-0.5}^0$$

查表,选择板料规格为 $2000 \times 1100 \times 2$,每块可剪 1100×44.5 规格条料 44 条。

材料利用率计算:一根条料的材料利用率:$\eta_1 = n_1 \dfrac{A_0}{A_1} \times 100\%$

式中: A_0——一个制件的有效面积;$A_0 = 581 mm^2$

A_1——一根条料的面积;$A_1 = 48950 mm^2$

n_1——一根条料所冲制件的个数;

$$n_1 = \frac{1100 - 1.8}{26.8} = 40 + (124.4 mm\ 余料)$$

得:$\eta_1 = 44 \times \dfrac{581}{48950} \times 100\% = 47.5\%$

调整工件间搭边值 a,为 $\dfrac{24.4}{41} + 1.8 \approx 2.37$,画排样图。如图 2 – 2 所示。

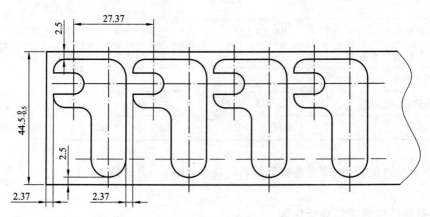

图 2 – 2   直排排样图

(2)对排

其中条料宽度尺寸、一个制件的有效面积、一根条料的面积同上,只有一根条料所冲制件的个数不同,为:

$$n_1 = \frac{(1100 - 2.5) \times 2}{39.8} = 55 + (6\text{mm 余料})$$

得：$\eta_1 = 55 \times \dfrac{581}{48950} \times 100\% = 65.3\%$

调整工件间搭边值 a，为 2.58，画排样图。如图 2 - 3 所示。

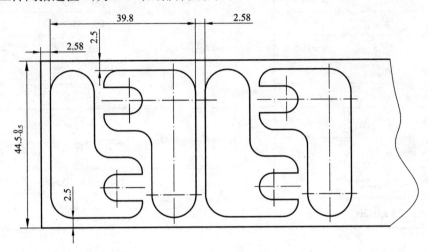

图 2 - 3　对排排样图

（3）斜排

如图 2 - 4 所示。

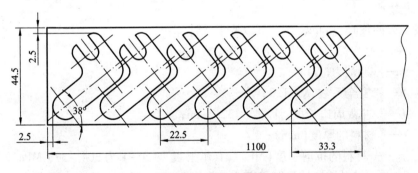

图 2 - 4　斜排排样图

一根条料所冲制件的个数 $n_1 = \dfrac{1100 - 2.5 - 33.3}{22.5} = 47 + (66\text{mm 余料})$

$$\eta_1 = 47 \times \frac{581}{48950} \times 100\% = 56\%$$

从以上计算结果可知，采用对排方案的材料利用率最高，考虑到模具制造，在本例模具设计时只设计一对凸模、凹模，送料时，先从一个方向送进，进行冲裁，然后调转条料，再进行冲裁。

2. 凸、凹模工作尺寸计算

该制件不为圆形或规则的零件，因此，采用凸、凹模配合加工的方法计算凸、凹模的刃口尺寸。该制件为落料件，故以凹模为基准件来配作凸模，根据凹模制造出的实际尺寸按所需的间隙配作凸模，在凸模的零件图上只注明按凹模配作加工，并给出间隙值即可。

表 2 - 2   凹模刃口尺寸

冲裁件尺寸精度查表均为 IT14 级(见下表工作尺寸),查表 6 - 1 - 2 模具初始双面间隙 $Z_{max} = 0.36$, $Z_{min} = 0.246$

尺寸性质	工件尺寸	磨损系数	计算公式	计算结果	凹模尺寸注为
1. 凹模磨损后变大的尺寸	$12_{-0.43}^{0}$	$x = 0.5$	$A_A = (A_{max} - x\Delta)_0^{+\delta_A}$	$11.785_0^{+0.1075}$	$11.7_0^{+0.1}$
	$16_{-0.43}^{0}$	$x = 0.5$		$15.785_0^{+0.1075}$	$15.7_0^{+0.1}$
	$25_{-0.52}^{0}$	$x = 0.5$		$24.74_0^{+0.13}$	$24.7_0^{+0.1}$
	$R6_{-0.3}^{0}$	$x = 0.75$		$5.775_0^{0.075}$	$5.7_0^{+0.07}$
	$R4_{-0.3}^{0}$	$x = 0.75$		$3.775_0^{+0.075}$	$3.7_0^{+0.07}$
2. 凹模磨损后变小的尺寸	$7_0^{+0.36}$	$x = 0.75$	$B_A = (B_{min} + x\Delta)_{-\delta_A}^{0}$	$7.27_{-0.09}^{0}$	$7.3_{-0.1}^{0}$
	$4_0^{+0.3}$	$x = 0.75$		$4.225_{-0.075}^{0}$	$4.2_{-0.07}^{0}$
3. 凹模磨损后无变化的尺寸	12 ± 0.215		$C_A = C \pm 0.5\delta_A'$	12 ± 0.05375	12 ± 0.05
	25 ± 0.26			25 ± 0.065	25 ± 0.06

3. 冲裁力及压力中心计算,初选压力机

该制件厚度 $t = 2mm$,初步考虑采用刚性卸料装置,因此完成本制件所需的冲压力有冲裁力、推件力。

(1)冲裁力 F

用一般平刃冲裁时,其冲裁力 F 可以按下式计算:

$$F = KLt\tau_0 \text{ 或 } F \approx Lt\sigma_b$$

式中: F——冲裁力(N);

K——安全系数,$K = 1.3$;

L——冲裁周边长度,计算得 132.3mm;

t——材料的厚度(mm);

τ_0——材料的抗剪强度(MPa),查本书表 7 - 4 - 1 为 304 ~ 373 MPa,取 370 MPa;

σ_b——材料的抗拉强度(MPa)。

得:$F = KLt\tau_0 = 1.3 \times 132.2 \times 2 \times 370 = 128138.4(N)$

(2)推件力 F_T

其计算按公式:

$$F_T = nK_T F$$

式中: K_T——分别为推件力系数,查表 6 - 1 - 15 得 $K_T = 0.055$;

n——同时卡在凹模内的冲裁件(或废料)个数。本例取 $n = 4$。

$$F_T = nK_T F = 4 \times 0.055 \times 128138.4 = 28190(N)$$

$$F_Z = F + F_T = 128138.4 + 28190 = 156328.4(N)$$

（3）初选压力机

压力机的标称压力 $F_压$ 必须大于或等于总冲压力 F_Z 的（$1.1 \sim 1.3$）倍，即：

$F_压 \geqslant (1.1 \sim 1.3)F_Z \geqslant 20.3$ 吨

查附表开式双柱可倾压力机（部分）参数，初选压力机型号规格为 J23 – 25。

（4）压力中心计算

本例采用解析法计算压力中心。建立坐标系如图 2 – 5 所示。

$$X_0 = \frac{L_1X_1 + L_2X_2 + \cdots + L_nX_n}{L_1 + L_2 + \cdots + L_n} =$$

$$\frac{12.5 \times 13 + 2.1 \times 6\pi + 19.5 \times 27 + 36.8 \times 3\pi + 39 \times 15 + 37.5 \times 2\pi + 34.8 \times 0.5 + 34.5 \times 7 + 31.2 \times 3.5\pi + 27.5 \times 7 + 27.2 \times 0.5 + 24.5 \times 2\pi + 27 \times 5 + 23 \times 21.5 \times 2\pi}{13 + 6\pi + 27 + 3\pi + 15 + 2\pi + 0.5 + 7 + 3.5\pi + 7 + 0.5 + 2\pi + 5 + 2\pi}$$

$= 23.4$

$$Y_0 = \frac{L_1Y_1 + L_2Y_2 + \cdots + L_nY_n}{L_1 + L_2 + \cdots + L_n} =$$

$$\frac{12 \times 13 + 6 \times 6\pi + 2.2 \times 3\pi + 13.3 \times 15 + 23.5 \times 2\pi + 25 \times 0.5 + 21.5 \times 7 + 15.8 \times 3.5\pi + 21.5 \times 7 + 25 \times 0.5 + 23.5 \times 2\pi + 18.5 \times 13 + 13.5 \times 2\pi}{13 + 6\pi + 27 + 3\pi + 15 + 2\pi + 0.5 + 7 + 3.5\pi + 7 + 0.5 + 2\pi + 5 + 2\pi}$$

$= 11.1$

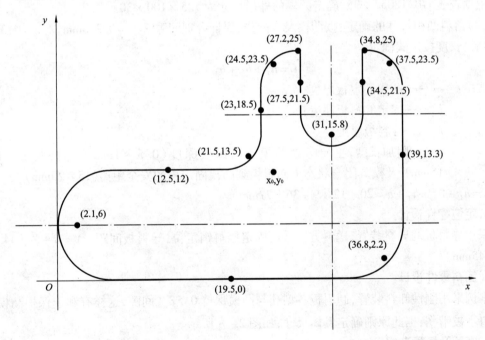

图 2 – 5　压力中心计算

2.1.4　模具结构的确定，画出模具结构简图

根据设计方案确定设计单工序冲裁模，在结构设计方面考虑制件的厚度为 2mm，精度要求不高，采用刚性卸料方式，以简化模具结构，采用导料板和挡料销定位方式，可以满足加工精度的要求。为了操作方便，选用双柱可倾压力机，横向送料。（模具结构简图略）。

2.1.5 模具零部件设计

1. 工作零件设计

(1) 凹模外形尺寸 H 的确定：

凹模采用板状结构通过螺钉、销钉与下模座固定。因冲件批量较大，考虑凹模的磨损和保证冲件的质量，凹模刃口采用直刃壁结构，刃壁高度取 8mm。

经验计算公式为：

凹模厚 H 　　　$H = ks = 0.5 \times 39 = 19.5$

凹模宽度 B 　　$B = s + (2.5 \sim 4.0)H = 39 + 4 \times 19.5 = 118$

凹模长度 L 　　$L = s_1 + 2s_2 = 25 + 2 \times 28 = 81$

式中：　k——凹模厚度系数，考虑板厚的影响，其值查表 6－1－23 为 0.5；

　　　　s——垂直于送料方向的凹模刃壁间的最大距离 39；

　　　　s_1——送料方向的凹模刃壁间的最大距离 25；

　　　　s_2——送料方向的凹模刃壁到凹模边缘的最小距离，其值查表 6－1－24 为 28。

根据查表 GB/T8057—95，确定凹模的外形尺寸为 $125 \times 100 \times 30$。

(2) 落料凸模尺寸的确定：按凹模尺寸配作，保证合理间隙 $Z_{min} = 0.246mm$，$Z_{max} = 0.36mm$。凸模长度按下式确定：

$$L = h_1 + h_2 + h_3 + h$$

式中：　h_1——凸模固定板厚度；

　　　　h_2——固定卸料板厚度；

　　　　h_3——导料板厚度；

　　　　h——附加长度，主要考虑凸模进入凹模深度（$0.5 \sim 1mm$）、总修模量（$10 \sim 15mm$）及模具闭合状态下卸料板到凸模固定板的安全距离（$15 \sim 20mm$）。

$L = h_1 + h_2 + h_3 + h = 20 + 12 + 9 + 36 = 77mm$

2. 定位零件设计

采用导料板的导料装置，送料方向采用固定挡料销定位，导料板间距：$A = B + Z = 44.5 + 0.5 = 45mm$。

3. 卸料零件设计

本例采用刚性卸料装置，卸料板各型孔与凸模保持 $0.5Z_{min}$ 间隙，这样有利于保护凸模、凹模刃口不被啃伤，据此原则确定具体尺寸，如图 2－8 所示。

4. 模架及模柄选择

模架类型采用后侧导柱导向模架。模架精度等级为 Ⅱ 级。由本书表查得凹模周界尺寸为 $100 \times 125mm$。模架的闭合高度在 160～190 之间。

5. 固定板及垫板

查表 7－9－1 可得典型组合（JB/T 8065.3—1995），由此典型组合标准，可方便地确定其他冲模零件的数量、尺寸及主要参数。

零件外形结构尺寸如表 2－3：

表 2 - 3　零件外形结构尺寸

序号	名 称	长 × 宽 × 厚(mm)	材料	数量
1	垫板	$100 \times 125 \times 6$	45	1
2	凸模固定板	$100 \times 125 \times 20$	45	1
3	卸料板	$100 \times 125 \times 12$	45	1
4	导料板	$125 \times 27.5 \times 9$	45	2

6. 连接、紧固件的设计与选用

上模板固定螺钉:选用内六角圆柱头螺钉,螺钉 GB/T70.1—2000—M8 × 35

导料板固定螺钉:选用内六角圆柱头螺钉,螺钉 GB/T70.1—2000—M6 × 20

凹模板固定螺钉:选用内六角圆柱头螺钉,螺钉 GB/T70.1—2000—M8 × 70

上模定位销:采用圆柱销:GB/T119—2000 A10 × 65

下模定位销:采用圆柱销:GB/T119—2000 A6 × 70

模柄止转销:采用圆柱销:GB/T119—2000 M6 × 20

导料板定位销:采用圆柱销:GB/T119—2000 A4 × 20

2.1.6　压力机的校核

选用 J23 - 25 型压力机,采用固定台式,工作台尺寸为 370 × 560mm,其最大闭合高度为 270mm,连杆调节长度为 55mm。

(1)模具闭合高度校核:

模具闭合高度为:$H_模$ = 上模座厚度 + 下模座厚度 + 凸模固定板厚度 + 凹模板厚度 + 导料板厚度 + 垫板厚度 + 卸料板厚度 + 安全距离 = 35 + 45 + 20 + 30 + 9 + 6 + 12 + 20 = 177mm。不满足:

$H_{max} - 5 \geqslant H_模 \geqslant H_{min} + 10$ 要求。

为了满足安装要求,必须在压力机工作台上加一垫板,厚度为 45mm。

(2)模具最大安装尺寸为 210 × 165mm,压力机工作台台面尺寸为 370 × 560mm,能满足模具的正确安装。

因此所选压力机满足要求。

2.1.7　模具总装图的绘制及说明

按照第 1 章要求绘制装配图,如图 2 - 6 所示。

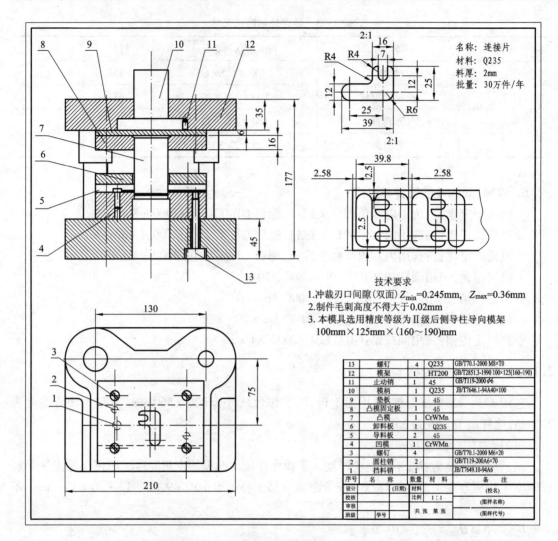

图 2-6 装配图

2.1.8 模具零件图的绘制及说明

按照第 1 章要求绘制零件图,如图 2-7 至 2-12 所示。

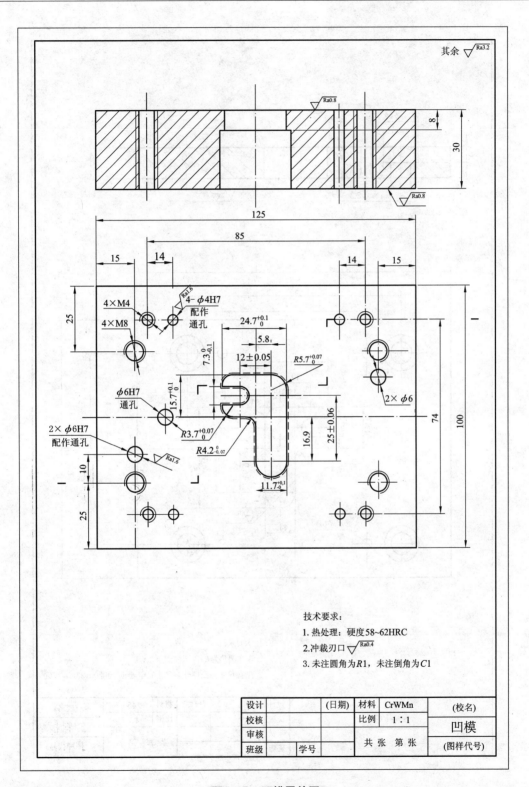

图 2-7　凹模零件图

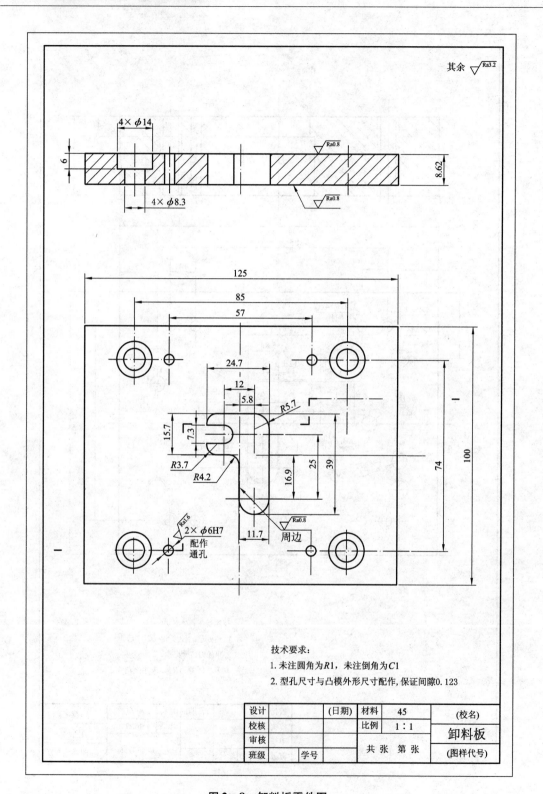

技术要求:
1. 未注圆角为R1, 未注倒角为C1
2. 型孔尺寸与凸模外形尺寸配作, 保证间隙0.123

设计		(日期)	材料	45	(校名)
校核			比例	1:1	卸料板
审核			共 张 第 张		
班级	学号				(图样代号)

图2-8 卸料板零件图

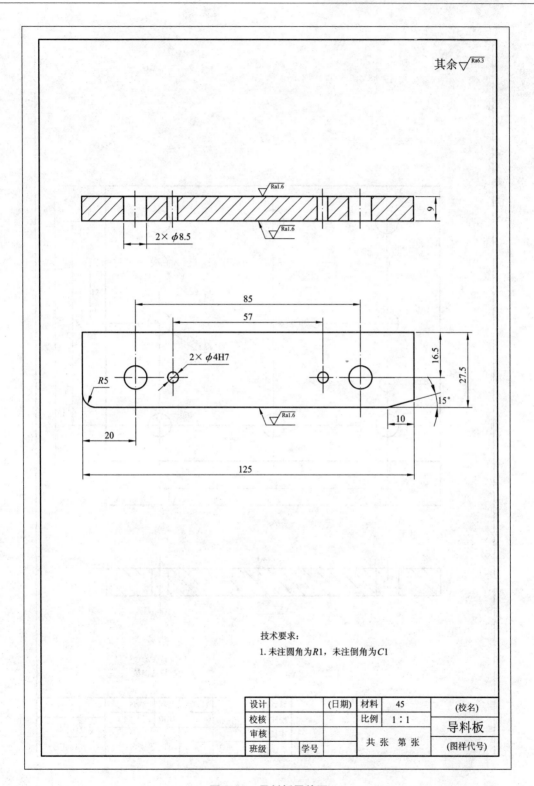

图 2-9 导料板零件图

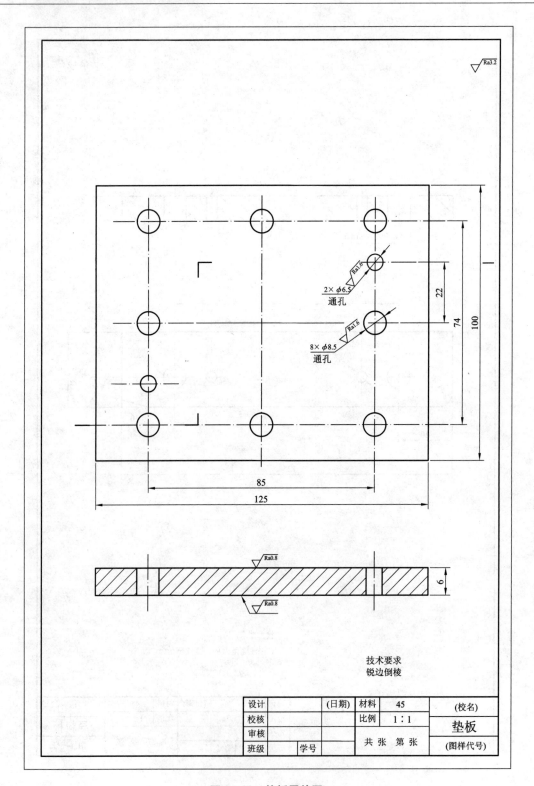

图 2-10 垫板零件图

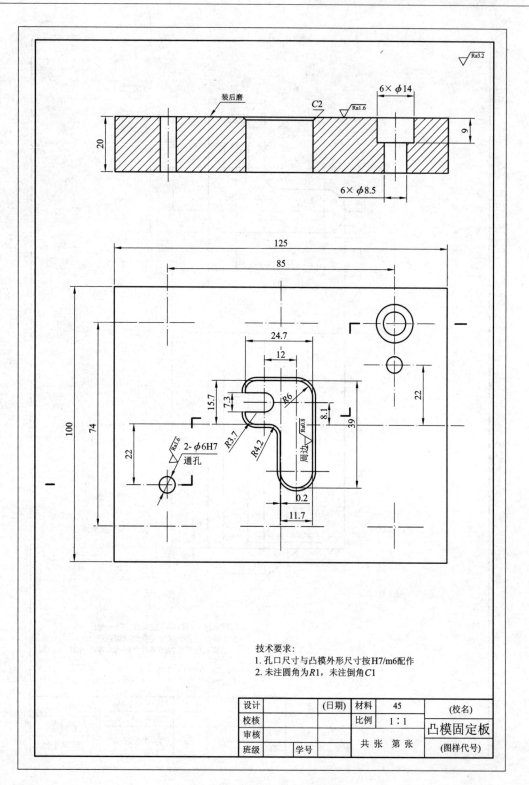

图 2-11　凸模固定板零件图

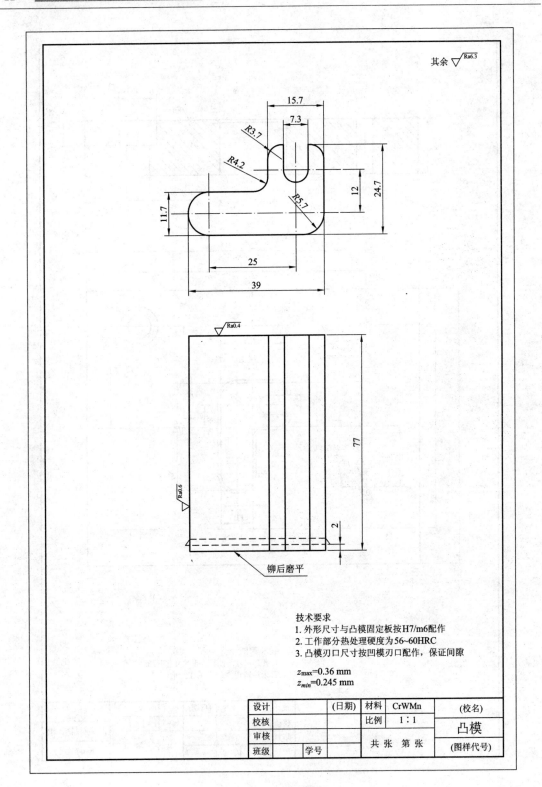

技术要求
1. 外形尺寸与凸模固定板按H7/m6配作
2. 工作部分热处理硬度为56~60HRC
3. 凸模刃口尺寸按凹模刃口配作，保证间隙

$z_{max}=0.36$ mm
$z_{min}=0.245$ mm

设计		(日期)	材料	CrWMn	(校名)
校核			比例	1:1	凸模
审核			共 张 第 张		
班级	学号				(图样代号)

图 2-12 凸模零件图

2.2　实例二

制件如图 2 - 13 所示,为一接触环零件,材料为锡青铜 QSn6.5 - 0.1(M),料厚为 t = 0.3mm。产量为 15 万件/年。

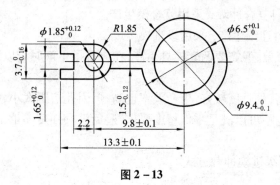

图 2 - 13

2.2.1　冲裁件工艺分析

从冲裁件的结构工艺性和冲裁件的精度和断面粗糙度两个方面进行分析。

1. 冲裁件的结构工艺性

表 2 - 4　冲裁件结构工艺性分析表

工艺性质	冲裁件工艺项目	工艺性允许值	工艺性评价
1. 零件结构			该零件结构简单,尺寸较小,厚度适中,大批量,适合冲裁。
2. 落料圆角半径	未注圆角,考虑 $R0.5$	$\geqslant 0.18t$	符合工艺性
3. 冲裁件上的悬臂和凹槽	1.65	$\geqslant (0.9 \sim 1.0)t$	符合工艺性
4. 冲裁件孔的最小尺寸	$\phi 1.85$	$\geqslant 1t$	符合工艺性
5. 最小孔边距、孔间距	0.925	$\geqslant 1.5t$	符合工艺性
6. 材料	QSn6.5 - 0.1(M)料厚 t = 0.3mm		具有良好的冲压性能

2. 尺寸精度与断面粗糙度

零件尺寸公差除 $\phi 9.4^{0}_{-0.1}$ 接近于 IT11 级以外,等余尺寸低于 IT12 级,亦无其他特殊要求。零件图上所有未标注公差的尺寸为自由公差,按 IT13 级计算公差。利用普通冲裁方式可以达到零件图样要求。

表面粗糙度:制件零件图上未标注表面粗糙度,可认为对其表面没有特殊要求,一般为 $Ra12.5 \sim 50\mu m$,适合用于冲裁。

结论：该零件的冲裁工艺性较好，可以冲裁加工。

2.2.2 冲压工艺方案的确定

该零件包括冲孔和落料两个基本工序，有以下三种方案可以采用：

方案1：先冲孔，后落料，采用单工序模生产。

方案2：冲孔 - 落料复合冲裁，采用复合模生产。

方案3：冲孔，落料连续生产，采用级进模生产。

方案1：模具结构简单，但需要两套模具生产，在大批量生产时难以满足需要，且零件精度不高。

方案2：零件精度高，平直度较好，生产效率也高，但因孔边距太小，模具的强度不能保证。

方案3：采用侧刃定距可以满足零件精度要求，避免模具强度不够的问题，模具操作安全，生产效率高。

所以本例确定采用级进模冲裁方式。

2.2.3 冲压工艺计算

1. 排样设计与计算

该零件材料厚度较薄，尺寸小，近似T形，因此可采用45°的斜对排，如图2-14所示。考虑模具强度问题，在冲孔和落料工位之间增设了一个空位。

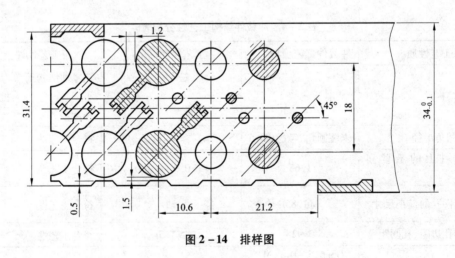

图 2 - 14   排样图

根据排样图的几何关系，可以近似算出两排中心距为18mm。

查表6-1-9、表6-1-11、表6-1-13、表6-1-12取 $a = 1.5\text{mm}$，$a_1 = 1.2\text{mm}$，$\Delta = 0.10\text{mm}$，$Z = 0.5\text{mm}$，$b_1 = 1.3\text{mm}$，$y = 0.1\text{mm}$。另因采用的IC型侧刃，故料宽每边需增加燕尾形切入深度 $a' = 0.5\text{mm}$。因此，条料宽度为

$$B_{-\Delta}^{0} = (D_{\max} + 2a + 2a' + nb_1)_{-\Delta}^{0}$$
$$= (18 + 9.4 + 2 \times 1.5 + 2 \times 0.5 + 2 \times 1.3)_{-0.10}^{0} \text{mm}$$
$$= 34_{-0.10}^{0} \text{mm}$$

冲裁后废料宽度为

$$B_1 = D_{max} + 2a + 2a'$$
$$= (18 + 9.4 + 2 \times 1.5 + 2 \times 0.5) \text{mm}$$
$$= 31.4 \text{mm}$$

进距为

$$s = 9.4 \text{mm} + 1.2 \text{mm} = 10.6 \text{mm}$$

导料板间距为

$$B' = B + Z = 34 \text{mm} + 0.5 \text{mm} = 34.5 \text{mm}$$
$$B' = B_1 + y = 31.4 \text{mm} + 0.1 \text{mm} = 31.5 \text{mm}$$

由零件图近似算得一个零件的面积为 54mm^2，一个进距内冲两件，故 $A = 54 \text{mm}^2 \times 2 = 108 \text{mm}^2$。一个进距内的坯料面积 $B \times s = 34 \text{mm} \times 10.6 \text{mm} = 360.4 \text{mm}^2$。因此材料利用率为：

$$\eta = A/(Bs) \times 100\% = 108/360.4 \times 100\% \approx 30\%$$

2. 凸、凹模刃口尺寸计算

(1) 落料凹模刃口尺寸

由于材料薄，模具间隙小，故凸、凹模采用配合加工为宜，又根据排样图可知，凹模的加工较凸模加工困难，且模具所有的凹模型孔都在同一凹模板上，因此，选择凹模为制造基准件，根据凹模制造出的实际尺寸按所需的间隙配作凸模，在凸模的零件图上按凹模各对应尺寸标注基本尺寸，并注明按凹模实际刃口尺寸配作加工，保证双面间隙值 $0.015 \sim 0.021 \text{mm}$（查表 $6-1-1$），侧刃孔配单面间隙 0.015mm。

表 2-5　落料凹模刃口尺寸

冲裁件尺寸精度查表均为 IT13 级（见下表工作尺寸），查表 $6-1-1$ 取冲裁模初始双面间隙 $Z_{max} = 0.021$，$Z_{min} = 0.015$

尺寸性质	工件尺寸	磨损系数	计算公式	计算结果	凹模尺寸注为
1. 凹模磨损后变大的尺寸	$9.4^0_{-0.1}$	$x = 0.75$	$A_A = (A_{max} - x\Delta)^{+\delta_A}_0$	$9.325^{+0.025}_0$	$9.33^{+0.025}_0$
	$1.5^0_{-0.12}$	$x = 0.75$		$1.41^{+0.03}_0$	$1.41^{+0.03}_0$
	$3.7^0_{-0.16}$	$\dot{x} = 0.75$		$3.58^{+0.03}_0$	$3.58^{+0.03}_0$
	13 ± 0.1	$x = 0.75$		$13.31^{+0.05}_0$	$13.31^{+0.05}_0$
	2.2 ± 0.12	$x = 0.5$		$2.2^{+0.06}_0$	$2.2^{+0.06}_0$
2. 凹模磨损后无变化的尺寸	$1.65^{+0.12}_0$		$B_A = (B_{min} + x\Delta)^0_{-\delta_A}$	$1.74^0_{-0.03}$	$1.74^0_{-0.03}$
2. 凹模磨损后无变化的尺寸	9.8 ± 0.1		$C_A = (C_{min} + 0.5\Delta) \pm 0.5\delta_A$	9.8 ± 0.025	9.8 ± 0.025

(2) 冲孔凹模刃口尺寸计算

冲孔凹模的形状简单，均为圆形，但尺寸较小，为保证凹、凸模的合理间隙采用分开加工方法，可用公式 $d_A = (d_{min} + x\Delta + Z_{min})^{+\Delta/4}_0$ 计算其凹模刃口尺寸，凸模刃口尺寸与凹模配作。

$6.5_0^{0.1}$ $d_{A_1} = (6.5 + 0.75 \times 0.1 + 0.03)_0^{0.1/4} \text{mm} = 6.61_0^{+0.025} \text{mm}$

$1.85_0^{+0.12}$ $d_{A_2} = (1.85 + 0.75 \times 0.12 + 0.03)_0^{+0.12/4} \text{mm} = 1.97_0^{+0.03} \text{mm}$

(3)侧刃孔尺寸可按公式 $A_A = (A + 0.5 Z_{min})_0^{+\delta_d}$ 计算,取 $\delta_d = 0.02$,则

$$A_d = (A + 0.5 Z_{min})_0^{+\delta_d} = (10.6 + 0.5 \times 0.03)_0^{+0.02} = 10.61_0^{+0.02} \text{mm}$$

当采用线切割机床加工凹模时,各型孔尺寸和孔距尺寸的制造公差均可标注为 ± 0.01（为机床一般可过到的加工精度）,本例即采用此种加工的标注法。

3. 计算冲压力与压力中心,初选压力机

冲裁力:根据零件图可算得一个零件内外周边之和 $L_1 = 77 \text{mm}$,侧刃冲切长度 $L_2 = 13.8 \text{mm}$,根据排样图一模冲两件和双侧刃布置,故总冲裁长度 $L = (77 + 13.8) \times 2 \text{mm} = 181.6 \text{mm}$。又 $\tau_b = 255 \text{MPa}$,$t = 0.3 \text{mm}$,取 $K = 1.3$,则

$$\begin{aligned} F &= KLt\tau_b \\ &= 1.3 \times 181.6 \times 0.3 \times 255 \text{N} \\ &= 18060 \text{N} \end{aligned}$$

卸料力:查表 6 - 1 - 14 取 $K_X = 0.06$ 则

$$\begin{aligned} F_X &= K_X F \\ &= 0.06 \times 18060 \text{N} = 1084 \text{N} \end{aligned}$$

推件力:根据材料厚度取凹模刃口十壁高度 $h = 5 \text{mm}$,故 $n = h/t = 5/0.3 = 16$。查表 6 - 1 - 14 取 $K_T = 0.07$,则

$$F_T = nK_T F = 16 \times 0.07 \times 18060 \text{N} = 20227 \text{N}$$

总冲压力:

$$F_\Sigma = F + F_X + F_T = 18060 \text{N} + 1084 \text{N} + 20227 \text{N} = 39371 \text{N} \approx 40 \text{kN}$$

应选取的压力机标称压力:$p_0 \geqslant (1.1 \sim 1.3) F_\Sigma = (1.1 \sim 1.3) \times 40 \text{kN} = 44 \sim 52 \text{kN}$,因此可选压力机型号为 J24 - 6.3。

因冲裁件尺寸较小,冲裁力不大,且选用了对角导柱模架,受力平衡,估计压力中心不会超出模柄端面积之外,故不必详细计算压力中心的位置。

2.2.4 模具结构的确定,画出模具结构简图

(1)模具类型

由冲压工艺分析可知,模具类型为冲孔 - 落料级进模。

(2)操作与定位方式

采用手工送料方式能够达到要求,且能降低模具成本。考虑零件尺寸、料厚较薄,为了便于操作,保证质量,采用导料板导向、侧刃定距的定位方式。为减小料头和料尾消耗和提高定距的可靠性,采用双侧刃前后对角分布。

(3)卸料与出件方式

考虑零件厚度较薄,采用弹性卸料方式。为了便于操作、提高生产率,制件的出件方式采用由凸模直接从凹模孔推下的下出件方式。

(4)模架类型及精度

由于连接厚度薄,冲裁间隙小,因此采用导向平稳的对角导柱模架。考虑零件精度要求不

是很高,但冲裁间隙小,因此采用Ⅰ级模架精度。(模具结构简图略)

2.2.5　模具零部件设计

限于篇幅,这里只介织凸、凹模零件的设计过程,其他零件的设计或选用过程从略。

(1)凹模设计

凹模采用矩形板状结构和直接通过螺钉、销钉与下模座固定的固定方式。因冲件的批量较大,考虑凹模的磨损和保证冲件的质量,凹模刃口采用用直刃壁结构,刃壁高度取5mm,漏料部分沿刃口轮廓单边扩大0.8mm(为便于加工,落料凹模漏料孔可设计近似于刃口轮廓的简化形状)。凹模轮廓尺寸计算如下:

沿送料方向的凹模型孔壁间最大距离为

$$s_1 = 31.81 + 21.2 + 10.61 \approx 63.6mm$$

垂直于送料方向的凹模型孔壁间最大距离为

$$s = (31.4 - 2 \times 0.5 + 2 \times 6) = 42.4mm(取侧刃厚度为6mm)$$

沿送料方向的凹模长度为

$$L = s_1 + 2s_2 = 63.6 + 2 \times 20 = 103.6mm(取 c = 20mm)$$

垂直于送料方向的凹模宽度为

$$B = s + 4H = (42.4 + 2 \times 20)mm = 82.4mm$$

凹模厚度为

$$H = ks = 0.35 \times 42.4 = 14.84mm$$

其中凹模厚度系数K查表6-1-23为0.35

根据算得的凹模模轮廓尺寸,查表6-1-23,选取与计算值相接近的标准凹模板轮廓尺寸为$L \times B \times H = 100 \times 80 \times 60$。

凹模的材料选用CrWMn,工作部分热处理淬硬60~64HRC。

(2)凸模设计

落料凸模刃口部分为非圆形,为便于凸模和固定板的加工,可设计成阶梯形结构,并将安装部分设计成便于加工的长圆形,通过铆接方式与固定板固定。凸模的尺寸根据刃口尺寸、卸料装置定板固定要求确定。凸模的材料也选用CrWMn,工作部分热处理淬硬58~62HRC。

冲孔凸模的设计与落料凸模基本相同,因刃口部分为圆形,其结构更简单。考虑冲孔凸模直径很小,故需对最小凸模($\phi 1.85_0^{+0.12}$冲孔凸模)进行强度和刚度校核。

1)凸模最小直径的校核(强度校核)

因孔径虽小,但远大于材料厚度,估计凸模的强度和刚度是够的。为使弹压卸料板加工方便,取凸模与卸料板的双面间隙为0.2mm(不起导向作用)。

凸模的最小直径d应满足:

$d \geq 5.2t\tau_b/[\sigma_压] = 5.2 \times 0.3 \times 255/1200mm = 0.33mm(取[\sigma_压] = 1200MPa)$而$d_{p2} = d_{d2} - Z_{min} = 1.97 - 0.03 = 1.94mm$,因$d_{p2} > 0.33mm$,所以凸模强度足够。

2)凸模最大算由长度的校核(刚度校核)

凸模最大自由长度L应满足

$$L \leq 90d^2/\sqrt{F} = 90 \times 1.94^2/\sqrt{1.3 \times 3.14 \times 1.94 \times 0.3 \times 255}mm = 13.8mm$$

由此可知,小冲孔凸模工作部分长度不能超过13.8mm。本例取小冲孔凸模工作部分长度为12mm，大冲孔凸模和落料凹模工作部分长度为12mm，大冲孔凸模和落料凹模为15mm。其他主要模具零件的尺寸规格见表2-6。

表2-6   主要模具零件的尺寸规格

序号	名称	长×宽×厚(mm)	材料	数量
1	模架	100×80×(120~145)(GB/T2851.3—1990)	HT200	1
2	垫板	100×80×4	45	1
3	凸模固定板	100×80×18	Q275	1
4	卸料板	100×80×16	Q275	1
5	卸料弹簧	2.5×12×40(GB/T2089—1994)		4
6	模柄	A30×78(JB/T7646.1—1994)	Q275	1

根据模具总体结构方案和已设计选用的模具零部件，绘制模具总装草图，并检查核对模具零件的相关尺寸、配合关系及结构工艺性等，校核压力机的参数，最后作出合理修改。

2.2.6   模具总装图的绘制及说明

按照第1章要求绘制装配图，如图2-15所示。

2.2.7   模具零件图的绘制及说明

按照第1章要求绘制零件图，如图2-16~2-21所示。

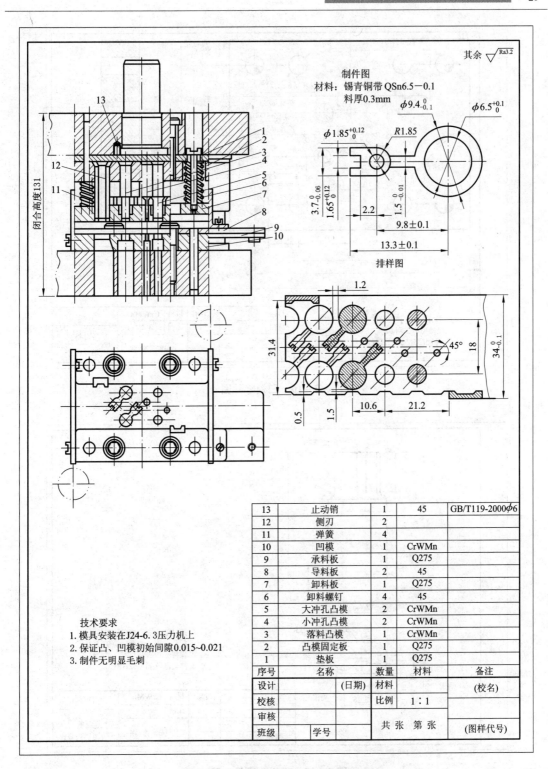

制件图
材料：锡青铜带 QSn6.5－0.1
料厚0.3mm

排样图

13	止动销	1	45	GB/T119-2000φ6
12	侧刃	2		
11	弹簧	4		
10	凹模	1	CrWMn	
9	承料板	1	Q275	
8	导料板	2	45	
7	卸料板	1	Q275	
6	卸料螺钉	4	45	
5	大冲孔凸模	2	CrWMn	
4	小冲孔凸模	2	CrWMn	
3	落料凸模	1	CrWMn	
2	凸模固定板	1	Q275	
1	垫板	1	Q275	
序号	名称	数量	材料	备注
设计		(日期)	材料	(校名)
校核			比例	1∶1
审核			共张 第张	
班级		学号		(图样代号)

技术要求
1. 模具安装在J24-6.3压力机上
2. 保证凸、凹模初始间隙0.015~0.021
3. 制件无明显毛刺

图 2－15　双侧刃定距的冲孔落料级进模

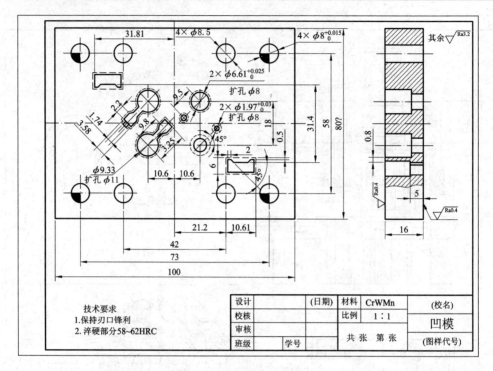

图 2-16 凹模零件图

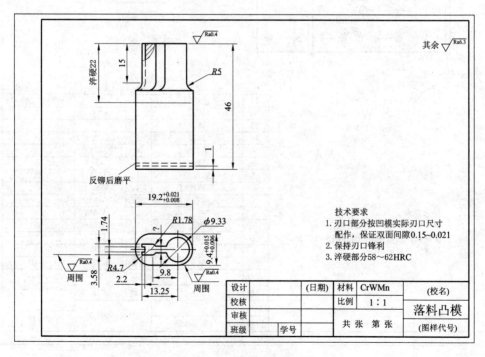

图 2-17 落料凸模零件图

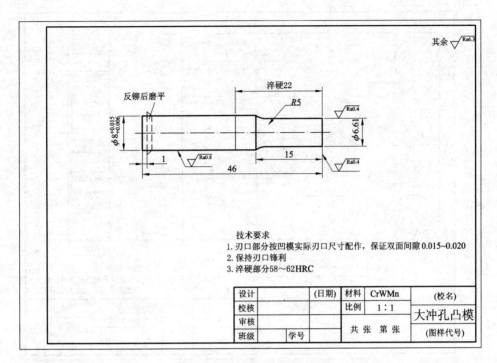

图 2-18　大冲孔凸模零件图

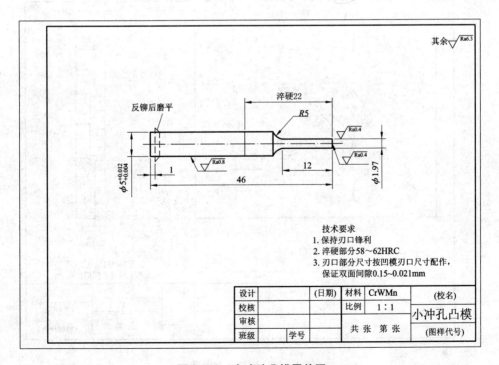

图 2-19　小冲孔凸模零件图

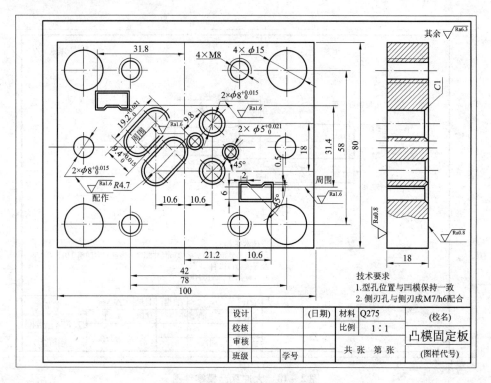

图 2-20   凸模固定板零件图

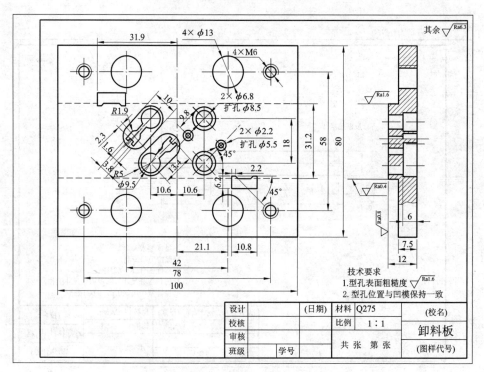

图 2-21   卸料板零件图

第3章　弯曲模设计实例

3.1　实例一

如图所示弯曲件,材料为10钢,大批量生产。

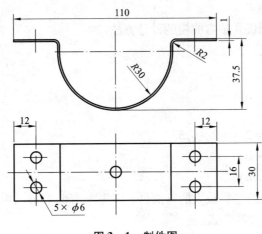

图3-1　制件图

3.1.1　冲压工艺分析

1.该制件形状简单对称,材料为10钢,属于普通冲压件。

2.该制件上有5个 $\phi 6$ 的孔,满足 $\geqslant 0.25t$ 的冲裁孔最小尺寸的工艺要求。

3.该制件端部四角为尖角,落料工艺性较差,可将四角改为圆角,取圆角半径为 $R1\mathrm{mm}$,满足 $r \geqslant 0.25t$ 的冲裁工艺要求。

4.该制件上孔的最小孔边距为4mm,满足 $\geqslant t$ 的冲裁工艺要求。

5.该制件的相对弯曲半径 $r/t = 2/1 = 2$,查表6-2-1最小相对弯曲半径 $r_{\min}/t = 0.4$,满足弯曲工艺要求。

6.制件头部有一半径为 $R30$ 的圆弧,弯曲时回弹较大,但考虑该制件只是一般连接件,厚度较薄,回弹不影响该制件的使用,所以不考虑回弹的影响。

3.1.2　冲压工艺方案的确定

根据制件的工艺分析,其基本工序有落料—冲孔—弯曲三种,按其先后顺序组合,可得以下5种方案:

方案1:落料—弯曲(弯两端)—弯曲(弯中间部分)—冲孔;采用单工序冲压。

方案2:落料—冲孔—弯曲(弯两端)—弯曲(弯中间部分);采用单工序冲压。

方案3:冲孔—落料+弯曲;采用级进复合冲压。

方案4:冲孔+落料—弯曲(弯两端+弯中间);采用两套复合模进行冲压。

方案5:冲孔+落料—弯曲;其中弯曲采用单工序冲压方式。

方案1、方案2属于单工序冲压,由于该制件的生产批量较大,这两种方案的生产率较低,故不宜采用。

方案3、方案4将工序进行了有效的组合,可提高生产率,方案3考虑在一套模具中完成冲孔—落料—弯曲工序,由于该制件的尺寸较大,模具尺寸也会较大,且模具结构较复杂。而方案4采用两套复合模,模具结构较复杂。

方案5解决了方案1、方案2的问题,又比方案3、方案4简单,能满足使用要求,故此方案最合适。

由于篇幅所限,本例仅介绍弯曲模的设计方法。

3.1.3 冲压工艺计算

1. 计算毛坯尺寸

1)弯曲圆角部分

相对弯曲半径为 $r/t = 2/1 = 2 > 0.5$

式中: r——弯曲半径(mm);

t——板料厚度(mm)。

可见,该制件属于圆角半径较大的弯曲件,应先求弯曲变形区中性层曲率半径 ρ(mm)。由文献【4】中性层的位置计算公式:

$$\rho = r + xt$$

式中: x——由实验测定中性层位移系数。

由表 6-2-4,中性层位移系数 $x = 0.38$

$$\rho = 2 + 0.38 \times 1 = 2.38(\text{mm})$$

2)$R30$ 圆弧部分

相对弯曲半径为 $r/t = 30/1 = 30 > 8$

由表 6-2-4 中中性层位移系数 $x = 0.5$

由图 3-2 可知,弯曲件毛坯的长度为:

$$L = 2(L_1 + L_2 + L_3 + L_4)$$

式中:$L_1 = 55 - 31 - 2 = 22\text{mm}$

$$L_2 = \frac{\pi\alpha}{180}(r + xt) = \frac{\pi \times 90}{180} \times 2.38 = 3.74\text{mm}$$

$$L_3 = 3.5\text{mm}$$

$$L_4 = \frac{\pi \times 90}{180} \times 30.5 = 48\text{mm}$$

$$L = (22 + 3.74 + 3.5 + 48) \times 2 = 156\text{mm}$$

2. 弯曲力的计算

为有效控制回弹,本模具考虑采用校正弯曲。

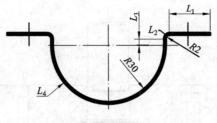

图 3 – 2 毛坯尺寸计算

校正弯曲力 $F_{校}(N)$ 的计算公式

$$F_{校} = Ap$$

式中： A——变形区投影面积（mm^2）

p——单位校正力（MPa）

查表 6 – 2 – 6，单位面积校正力 p 取 $p = 90MPa$

$$F_{校} = Ap = 66 \times 30 \times 90 = 178.2(kN)$$

3. 初选压力机

压力机的标称压力 $F_{压}$ 必须 $\geq (1.1 \sim 1.3)F_{校}$

$$故 \ F_{压} = 1.3 \times 178.2 = 231.66(kN)$$

初选压力机的型号为 J23 – 25

3.1.4 模具结构的确定，画出模具结构简图

根据设计方案，确定设计一校正弯曲单工序模，凸模用螺钉固定在上模板上，凹模通过螺钉和销钉固定在下模座上，设计一顶板、弹性顶件器组成顶件装置，工作行程中起压料作用，顶板上安装一定位销，可防止坯料的偏移，回程时顶件装置又可将弯曲件从凹模内推出。弯曲时，坯料由定位板定位，在凸模、凹模的作用下，一次将平板坯料弯曲成制件。模具结构简图如图 3 – 3 所示。

3.1.5 模具零部件设计与选用

1. 弯曲模工作部分尺寸的确定

1）凸模圆角半径 r_T

当弯曲件的相对弯曲半径 $r/t < 8$ 且不小于最小弯曲半径 r_{min}/t 时，凸模的圆角半径取等于弯曲件的圆角半径。

$$r_T = r = 2mm$$

2）凹模的圆角半径 r_A

当 $t \leq 2mm$ 时，$r_A = (3 \sim 6)t$

取 $r_A = 3mm$

3）凸、凹模间隙

本模具近似 U 型件弯曲模，生产中 U 型件弯曲模的凸、凹模单边间隙一般可按 $Z = t_{max} + ct$ 计算。

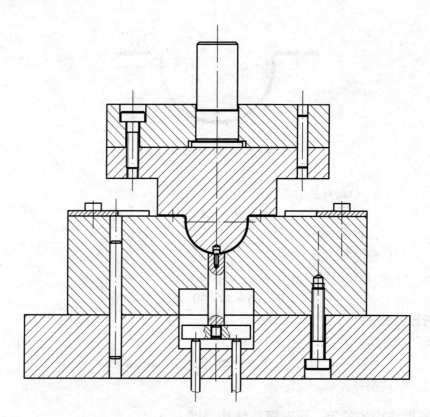

图 3-3   弯曲模具结构简图

式中： Z——弯曲凸、凹模的单边间隙；

t——弯曲件的材料厚度；

t_{max}——弯曲件材料的最大厚度；

c——u 型件弯曲模凸、凹模间隙 c 值。

查表 6-2-10，$c=0.05$

查表 7-3-1，较高精度的钢板厚度公差为 ±0.09，则

$$t_{max}=1.09$$

$$Z=1.09+0.05\times1=1.14mm$$

4）弯曲凸、凹模横向尺寸及公差

弯曲件的尺寸标注在内形，及保证 $R30$ 的尺寸，可按下列公式计算：

$$L_T=(L_{min}+0.75\Delta)^0_{-\delta_T}=(29.26+0.75\times0.52)^0_{-0.025}=29.87^0_{-0.025}mm$$

$$L_A=(L_T+2Z)^{+\delta_A}_0=(29.87+2\times1.14)^{+0.039}_0=32.15^{+0.039}_0mm$$

式中： L_{min}——制件的最小尺寸；

Δ——制件公差，因该制件未标注公差，故按 IT14 选取，查表 7-1-1 取 $\Delta=$ 0.52mm

δ_T——凸模制造公差，取 IT7 级精度；查表 7-1-1 取 $\delta_T=0.025mm$

δ_A——凹模制造公差，取 IT8 级精度；查表 7-1-1 取 $\delta_A=0.039mm$

2. 弯曲凹模设计

弯曲凹模设计成板状结构，刃口形状为半圆形，通过螺钉与下模板固定。弯曲凹模的材料选用 T10A 钢，工作部分热处理 58～62HRC。

3. 弯曲凸模设计

弯曲凸模设计成阶梯形状，工作部分为半圆形，材料选用 T10A 钢，热处理淬硬 56～60HRC。

4. 定位零件设计

定位零件的设计考虑定位板和定位销。

定位板的厚度要大于板料的厚度，为方便加工，取厚度 = 5mm。

坯料上有一个 $\phi6mm$ 的孔，可用此孔作为定位的工艺孔，防止坯料在弯曲过程时产生偏移现象。因此设计一定位销，该定位销通过螺纹固定在顶料装置上。顶料装置主要由顶杆、顶板和弹顶器组成。弹顶器是通用元件。顶杆杆部尺寸设计为 $\phi16\times70mm$，下端为一 M10×11mm 的螺纹，通过螺纹固定在顶板上，顶板的尺寸设计为 $\phi60\times15mm$。

5. 模柄的选择

模柄采用压入模柄形式（JB/T7646.1—1994），具体结构及尺寸见表 7-12-1。

3.1.6　压力机校核

选用 J23-25 型压力机，采用固定台式，工作台尺寸为 370×560mm，其最大闭合高度为 270mm，连杆调节长度为 55mm。模具的最大尺寸为 300×90mm，闭合高度为 261mm，能满足模具的正确安装。

3.1.7　模具总装图的绘制及说明

按第一章的要求绘制模具总装图，如图 3-4 所示。

3.1.8　模具零件图的绘制及说明

按第 1 章的要求绘制模具零件图，如图 3-5～3-12 所示。

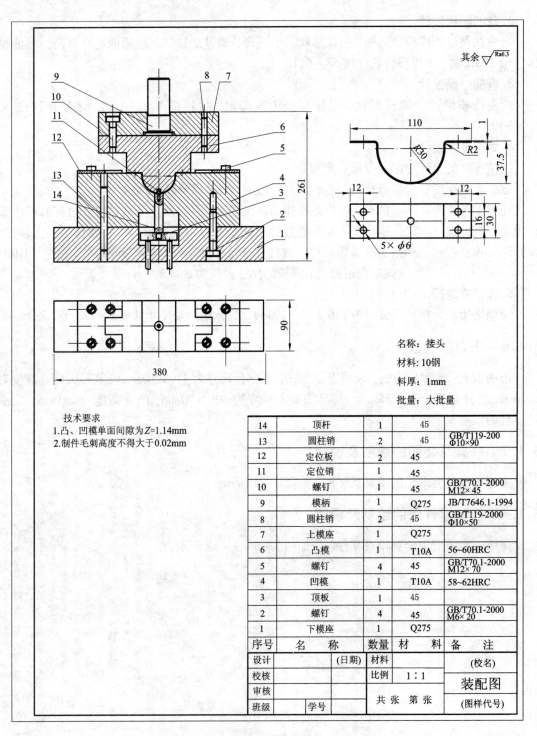

其余 ✓Ra6.3

名称：接头

材料：10钢

料厚：1mm

批量：大批量

技术要求
1.凸、凹模单面间隙为Z=1.14mm
2.制件毛刺高度不得大于0.02mm

序号	名 称	数量	材料	备 注
14	顶杆	1	45	
13	圆柱销	2	45	GB/T119-200 Φ10×90
12	定位板	2	45	
11	定位销	1	45	
10	螺钉	1	45	GB/T70.1-2000 M12×45
9	模柄	1	Q275	JB/T7646.1-1994
8	圆柱销	2	45	GB/T119-2000 Φ10×50
7	上模座	1	Q275	
6	凸模	1	T10A	56~60HRC
5	螺钉	4	45	GB/T70.1-2000 M12×70
4	凹模	1	T10A	58~62HRC
3	顶板	1	45	
2	螺钉	4	45	GB/T70.1-2000 M6×20
1	下模座	1	Q275	

设计		(日期)	材料		(校名)
校核			比例	1：1	装配图
审核					
班级		学号		共 张 第 张	(图样代号)

图 3 - 4　装配图

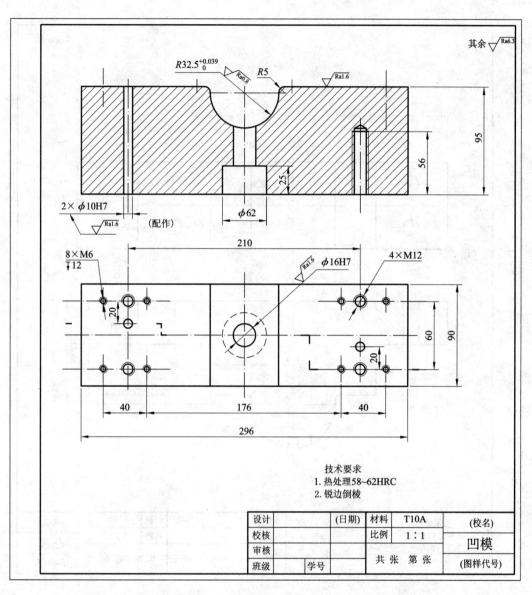

技术要求
1. 热处理58~62HRC
2. 锐边倒棱

设计		(日期)	材料	T10A	(校名)
校核			比例	1:1	凹模
审核			共张　第张		
班级		学号			(图样代号)

图3-5　凹模

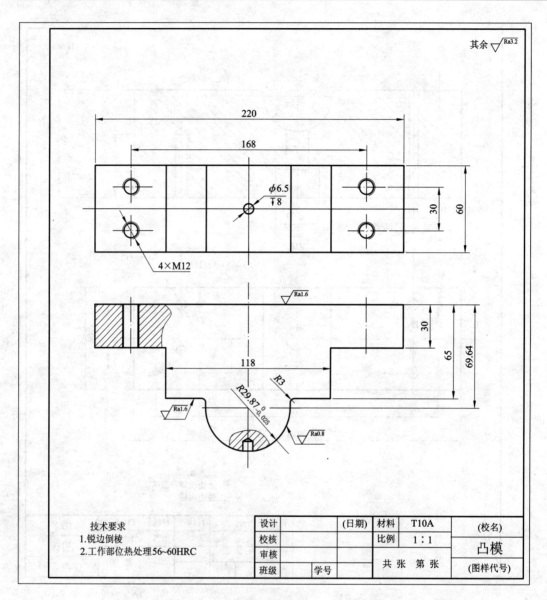

其余 ▽Ra3.2

φ6.5 ↓8

4×M12

Ra1.6

118

R29.87 0 -0.025

R3

Ra1.6

Ra0.8

220

168

30

60

30

65

69.64

设计		(日期)	材料	T10A	(校名)
校核			比例	1：1	凸模
审核			共张 第张		
班级	学号				(图样代号)

技术要求
1.锐边倒棱
2.工作部位热处理56~60HRC

图 3-6　凸模

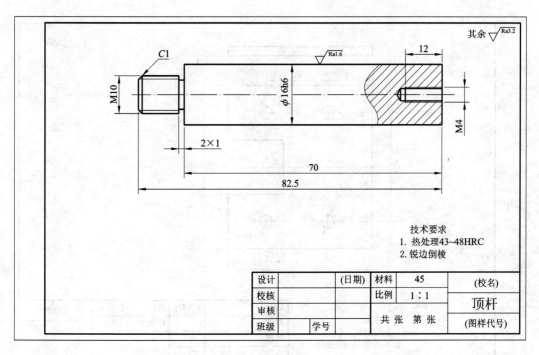

图 3-7 顶杆

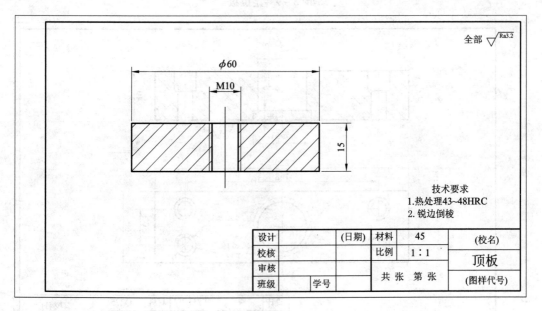

图 3-8 顶板

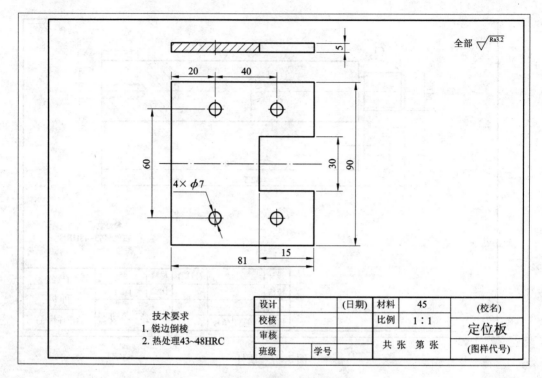

技术要求
1. 锐边倒棱
2. 热处理43~48HRC

设计		(日期)	材料	45	(校名)
校核			比例	1:1	**定位板**
审核			共 张 第 张		
班级	学号				(图样代号)

全部 ▽Ra3.2

图 3-9　定位板

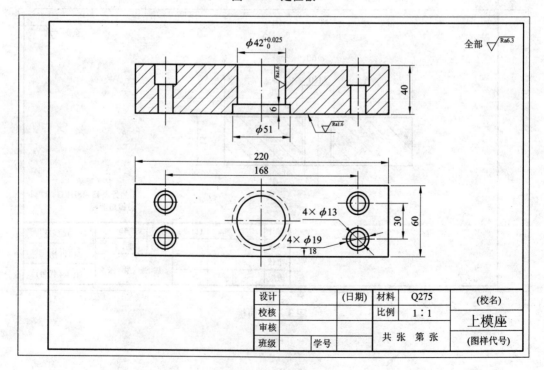

设计		(日期)	材料	Q275	(校名)
校核			比例	1:1	**上模座**
审核			共 张 第 张		
班级	学号				(图样代号)

全部 ▽Ra6.3

图 3-10　上模座

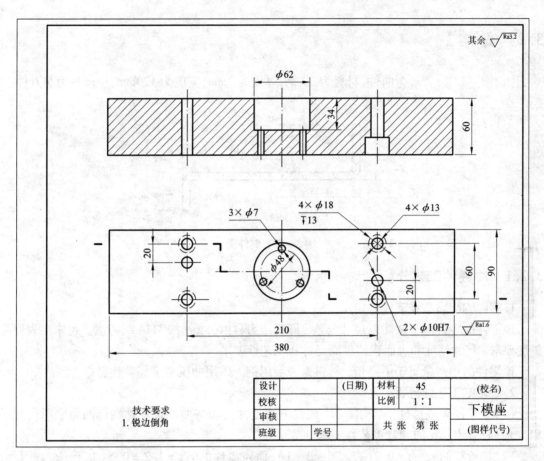

图 3 - 11 下模座

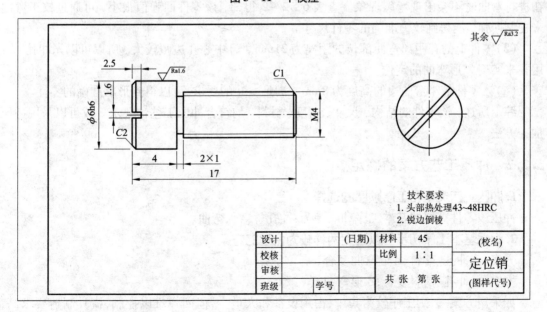

图 3 - 12 定位销

3.2 实例二

如图 3 – 13 为 Z 形弯曲件,材料为 30 钢,厚度为 2mm,宽度为 120mm,年产量为 5 万件。

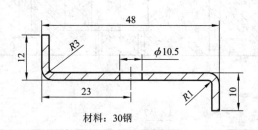

材料: 30钢

图 3 – 13   制件图

3.2.1   冲裁件工艺分析

1. 零件的精度与经济性分析

该零件的零件图上来注以尺寸公差,即确定为自由公差,按 IT14 级考虑。也未注表面粗糙度要求,尺寸精度和表面粗糙度满足冲压工艺性要求。

该零件的年产量属于中批量,材料为一般用钢。采用冲压加工经济性良好。

2. 零件的工艺性分析

(1)该零件为 Z 形件,结构简单、成形方法是冲裁和弯曲。该零件端部四角取圆角半径 $R1$。能满足 $\geq 0.25t$ 的冲裁工艺性要求。

(2)该板料的 $r_{min}/t = 0.2$(查表 6 – 2 – 1),而该零件的 $r/t = 1/2 = 0.5$,大于 r_{min}/t,因此,在进行弯曲时不会出现弯裂现象。查表 6 – 2 – 2 得知,该零件回弹值很小,可通过校正弯曲来控制回弹,能得到较为准确的零件尺寸。

(3)零件上的孔距离弯曲部位的距离为 21mm。且中心孔边距较大,所以可以先冲孔,再用孔来实现 Z 形弯曲的定位。

(4)该零件最小弯曲边的高度为 8mm。满足 $\geq 2t$ 的要求,可以得到形状准确的零件。

综上所述,该零件的结构、尺寸、精度、材料,均符合冲压工艺性要求。故可以采用冲压加工方法。

3.2.2   冲压工艺方案的确定

1. 冲压工艺类型和工序顺序的选择

冲压该零件需要的基本工序和顺序为:冲孔、落料、弯曲。

2. 根据基本工序初步可以选定两种较为合理的方案

方案一:冲孔、落料、Z 形弯曲复合;

方案二:冲孔、落料复合,Z 形弯曲。

如采用方案一,则工序较为集中,占用设备和人员少,但回弹难以控制,模具制造要求高,成本高;

如采用方案二,回弹容易控制,尺寸和形状精度,表面质量好,但工序分散,占用设备和人员多;

综合上述说明,考虑到产品生产的批量不是很大,采用方案二,其冲压工序如下:冲孔、落料,Z形弯曲。

由于篇幅限制,以下只介绍弯曲工艺计算及弯曲模具设计。

3.2.3 冲压工艺计算

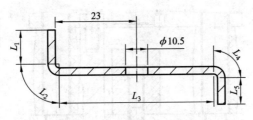

图 3 – 14 毛坯尺寸计算图

1. 毛坯展开长度计算

毛坯展开长度按零件中性层的长度计算。图 3 – 14 为毛坯展开长度尺寸分段计算图,由图可知:毛坯展开长度 $L = L_1 + L_2 + L_3 + L_4 + L_5$。

中性层曲率半径: $\rho = (r + xt)$。

式中: r——弯曲半径;

           x——中性层位移系数;

           t——板料厚度。

根据 $r/t = 0.5$ 表 6 – 2 – 4,取 $x = 0.25$。

$L_1 = 12 - 3 = 9mm$

$L_2 = L_4 = \pi(1 + xt)/2 = \pi(1 + 0.25 \times 2)/2 = 2.36$

$L_3 = 48 - 2 \times 3 = 42mm$

$L_4 = 10 - 3 = 7mm$

$L = 62.72$

初取 $L = 64mm$,准确的尺寸须通过试弯曲后再进行修正。

2. 冲压力的计算,初选压力机

本道工序的冲压力包括 Z 形弯曲力、校正弯曲部位的弯曲力及压料力等,这些力并不是同时发生或达到最大值的,最初只有弯曲力,最后才进行校正弯曲,由于,校正弯曲的力远大于弯曲力,且比压料力大得多,本工序最大冲压力只考虑校正弯曲力。

校正弯曲力: $F_{校} = Ap$;

查表 6 – 2 – 6 取 $p = 120MPa$,$A = 48 \times 120 - 9\pi = 5731.7mm^2$;

所以校正弯曲力 $F_{校} = Ap = 120 \times 5731.7 = 687804N$;

3.2.4 模具结构的确定,画出模具结构简图

1. 模具类型

由冲压工艺分析可知、模具类型为 Z 型弯曲模。

2. 操作与定位方式

本模具的结构简图如图 3 – 15 所示,设计一活动凸模,弯曲前两凸模的端面平。弯曲时活

动凸模与顶板将坯料压紧。由于橡皮的弹力较大推动顶板下移使坯料左端弯曲，当顶板接触下模座位橡皮压缩而固定凸模相对活动凸模下移将坯料右端弯曲成形,当压块与上模座相碰时,整个弯曲件得到校正。

坯料的定位采用定位销进定位。由于制件上有一个 $\phi 10.5$ 的孔,回程时顶板可将弯曲件从凹模内推出。

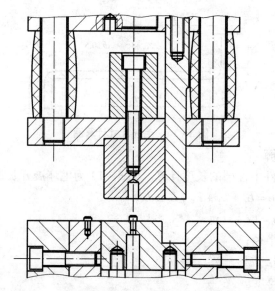

图 3 – 15　Z 型弯曲模结构简图

3.2.5　模具零部件的设计与选用

1. 弯曲模工作部分尺寸的确定

1) 凸模圆角半径 r_T

当弯曲件的相对弯曲半径 $r/t < 8$ 且不小于最小弯曲半径 r_{min}/t 时,凸模的圆角半径取等于弯曲件的圆角半径。

该制件的 $r/t = 0.5$,因此取

$r_T = r = 1mm$

2) 凹模的圆角半径 r_A

当 $t = 2mm$ 时, $r_A = (2 \sim 3)t$

取 $r_A = 6mm$

3) 凹模深度 h_0

对于弯边高度不高的弯曲件,凹模深度应大于弯曲件的高度,其值可参见表6 – 2 – 7,本例取 $h_0 = 5mm$。

4) 凸、凹模间隙

本模具近似 U 型件弯曲模,生产中 U 型件弯曲模的凸、凹模单边间隙一般可按 $Z = t_{max} + ct$ 计算。

式中：　Z——弯曲凸、凹模的单边间隙;

　　　　t——弯曲件的材料厚度;

t_{max}——弯曲件材料的最大厚度；

c——u 型件弯曲模凸、凹模间隙 c 值。

查表 6 - 2 - 10，$c = 0.05$

查表 7 - 3 - 1，较高精度的钢板厚度公差为 ±0.15，则

$t_{max} = 2.15$

$Z = 2.15 + 0.05 \times 2 = 2.25 mm$

5）弯曲凸、凹模横向尺寸及公差

弯曲件的尺寸标注在外形，及保证 48 的尺寸，可按下列公式计算：

$L_A = (L_{max} - 0.75\Delta)_0^{+\delta_A} = (48.62 - 0.75 \times 0.62)_0^{+0.039} = 48.16_0^{+0.039} mm$

$L_T = (L_A - 2Z)_{-\delta_T}^0 = (48.16 - 2 \times 2.25)_{-0.039}^0 = 43.66_{-0.039}^0 mm$

式中：L_{max}——制件的最大尺寸；

Δ——制件公差，因该制件未标注公差，故按 IT14 选取，查表 7 - 1 - 1，取 $\Delta = 0.52mm$

δ_T——凸模制造公差，取 IT8 级精度；查表 7 - 1 - 1，$\delta_T = 0.039mm$

δ_A——凹模制造公差，取 IT8 级精度；查表 7 - 1 - 1，$\delta_A = 0.039mm$

2. 活动凸模设计

活动凸模采用矩形板状结构，用螺钉通过压块压在凸模托板上，活动凸模宽度取板料宽度尺寸为 120，高度设计为 44，在下端须有一个让位孔，避免在弯曲过程中压到定位销。

活动凸模的材料选用 T10A 钢，工作部分热处理淬硬 58 ~ 60HRC。

3. 固定凸模

固定凸模通过螺钉固定到上模座，其高度为 124mm。

4. 凹模板与侧压块

凹模板与侧压块用螺钉安装在下模座上，其外形尺寸一致。凹模板上须安装两个挡料销，具体尺寸见图 3 - 22，材料选用 T10A 钢，热处理 58 ~ 60HRC。

5. 定位元件

定位元件采用挡料销，选用标准元件（JB/T7649.10—1994）

$d_1 = 4mm$；

$d = 10mm$；

$L = 13mm$

6. 模柄的选择

模柄采用旋入式模柄形式（JB/T7646.2—1994），具体结构及尺寸见表 7 - 12 - 2。

3.2.6　模具总装图的绘制及说明

按第一章的要求绘制弯曲模装配图，见图 3 - 16。

3.2.7　模具零件图的绘制及说明

按第一章的要求绘制零件图，见图 3 - 17 ~ 3 - 22。

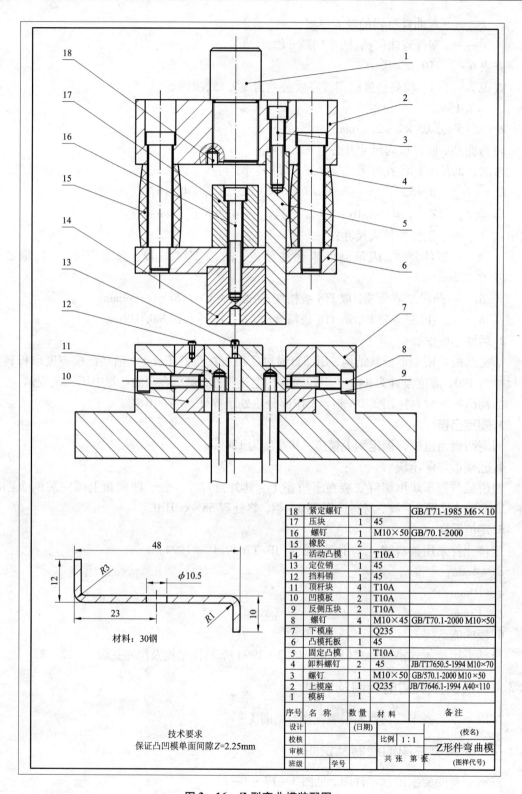

48				

技术要求
保证凸凹模单面间隙Z=2.25mm

材料：30钢

18	紧定螺钉	1		GB/T71-1985 M6×10
17	压块	1	45	
16	螺钉	1	M10×50	GB/70.1-2000
15	橡胶	2		
14	活动凸模	1	T10A	
13	定位销	1	45	
12	挡料销	1	45	
11	顶杆块	4	T10A	
10	凹模板	2	T10A	
9	反侧压块	2	T10A	
8	螺钉	4	M10×45	GB/T70.1-2000 M10×50
7	下模座	1	Q235	
6	凸模托板	1	45	
5	固定凸模	1	T10A	
4	卸料螺钉	2	45	JB/TT7650.5-1994 M10×70
3	螺钉	1	M10×50	GB/570.1-2000 M10×50
2	上模座	1	Q235	JB/T7646.1-1994 A40×110
1	模柄	1		
序号	名　称	数量	材料	备注

设计		(日期)			
校核			比例	1:1	(校名)
审核					Z形件弯曲模
班级		学号	共张 第张		(图样代号)

图 3－16　Z 型弯曲模装配图

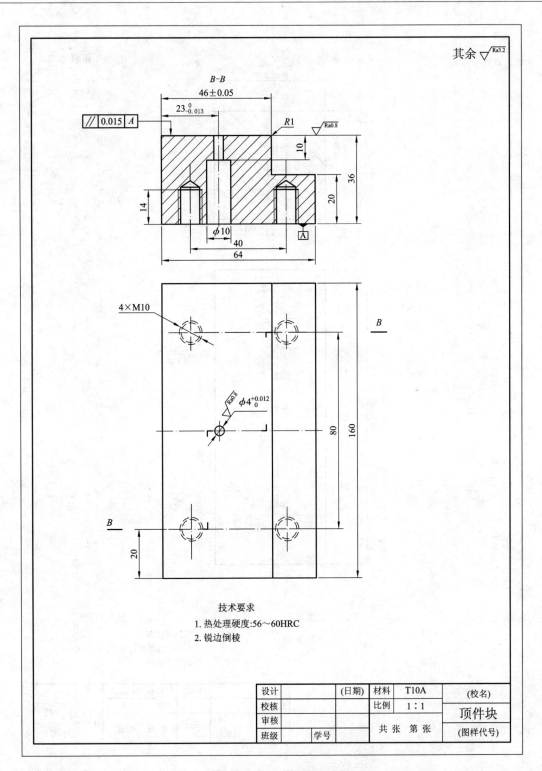

技术要求
1. 热处理硬度:56~60HRC
2. 锐边倒棱

设计		(日期)	材料	T10A	(校名)
校核			比例	1:1	顶件块
审核			共 张 第 张		
班级	学号				(图样代号)

图 3-17 心模零件图

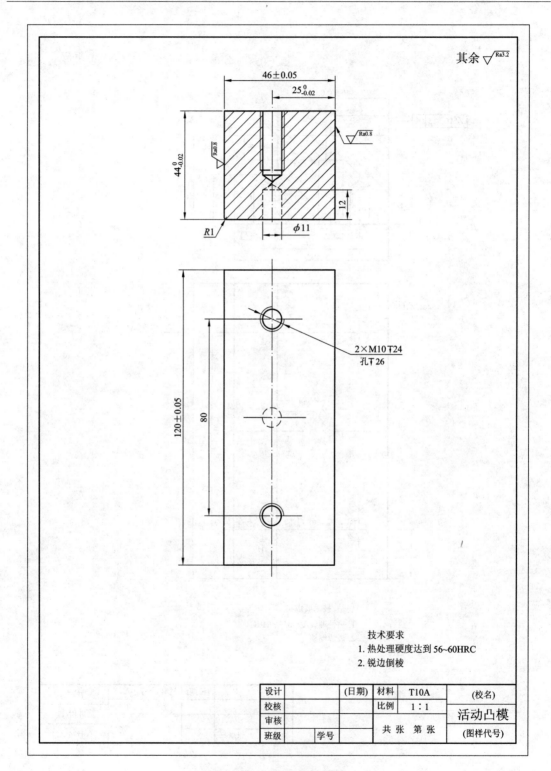

图 3 – 18　活动凸模零件图

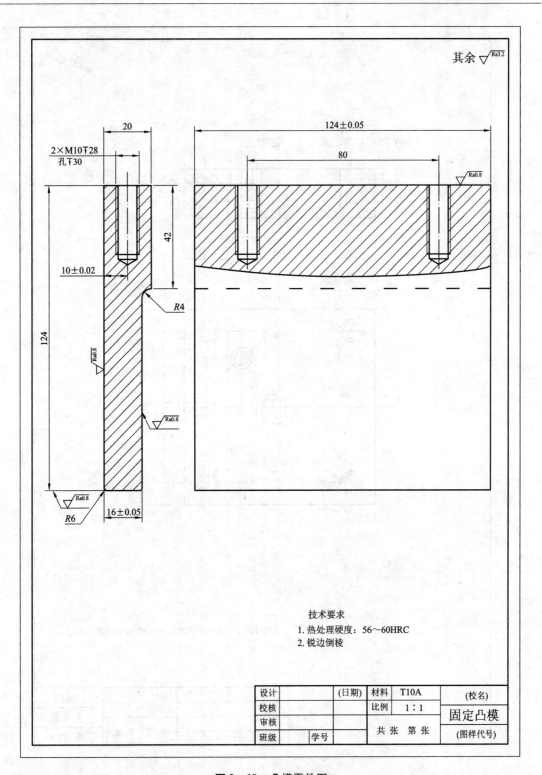

其余 $\sqrt{\text{Ra3.2}}$

20

2×M10〒28
孔〒30

124±0.05

80

$\sqrt{\text{Ra0.8}}$

42

10±0.02

*R*4

124

$\sqrt{\text{Ra0.8}}$

$\sqrt{\text{Ra0.8}}$

Ra0.8

$\sqrt{\text{Ra0.8}}$

*R*6

16±0.05

技术要求
1. 热处理硬度：56～60HRC
2. 锐边倒棱

设计		（日期）	材料	T10A	（校名）
校核			比例	1∶1	固定凸模
审核			共 张 第 张		
班级	学号				（图样代号）

图 3 – 19　凸模零件图

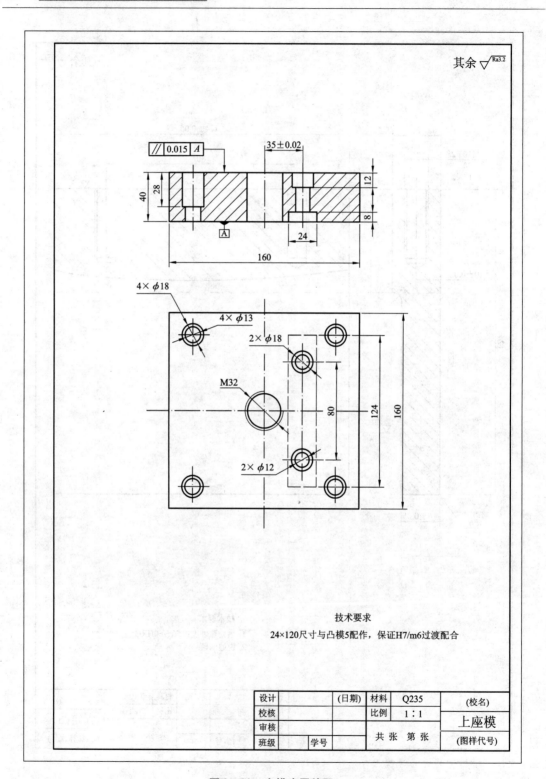

技术要求

24×120尺寸与凸模5配作，保证H7/m6过渡配合

设计		(日期)	材料	Q235	(校名)
校核			比例	1：1	上座模
审核			共 张 第 张		
班级	学号				(图样代号)

图 3-20 上模座零件图

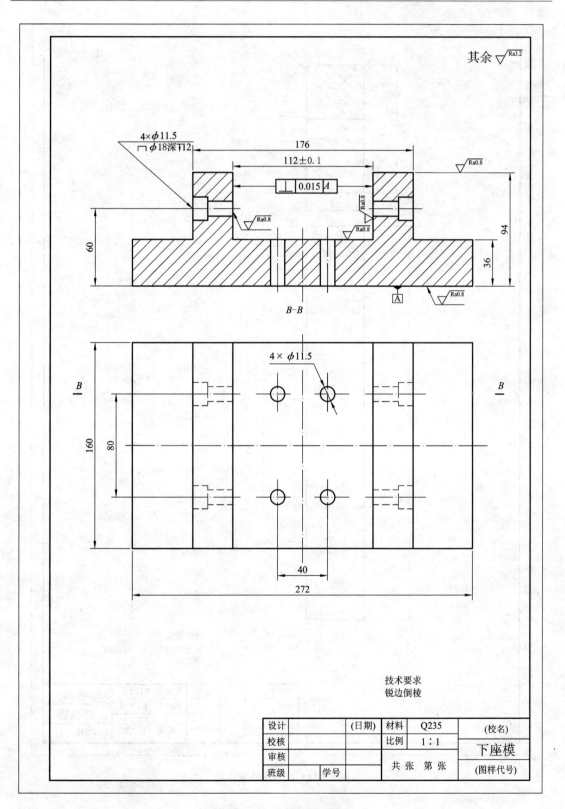

图 3－21　下模座零件图

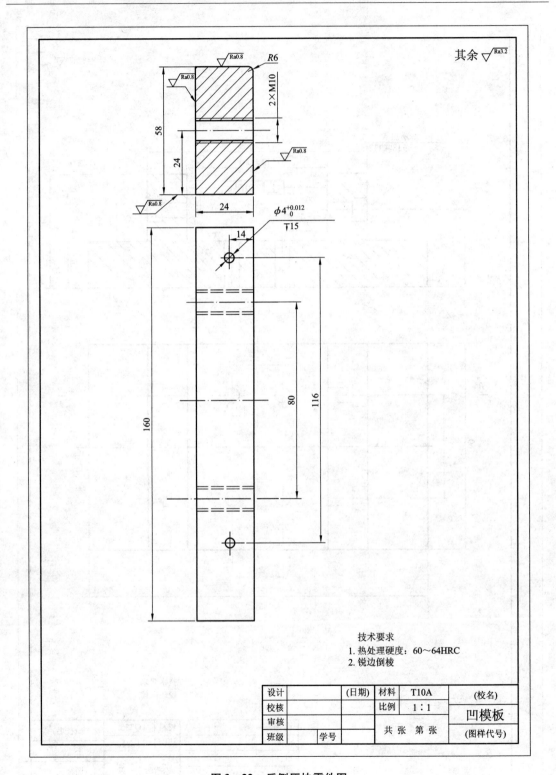

图 3 – 22　反侧压块零件图

第4章　拉深模设计实例

图 4 – 1 所示为汽车玻璃升降器外壳。该零件的材料为 08 钢，厚度 $t = 1.5\text{mm}$，年产量 10 万件，试制定其冲压工艺，设计整套模具。

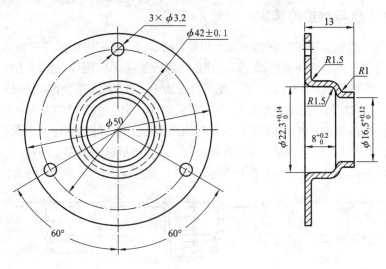

图 4 – 1　汽车玻璃升降器外壳

4.1　冲压工艺分析

4.1.1　零件的精度与经济性分析

该零件外壳内腔主要配合尺寸 $\phi22.3_0^{+0.14}$、$\phi16.5_0^{+0.12}$ 及 $8_0^{+0.2}$ 为 IT11 ~ IT12 级精度。为使外壳与座板铆接后保证外壳承托部位 $\phi16.5_0^{+0.12}\text{mm}$ 与轴套同轴，三个小孔 $\phi3.2\text{mm}$ 与 $\phi16.5_0^{+0.12}\text{mm}$ 的相互位置要准确，小孔中心圆直径（$\phi42 \pm 0.1$）mm 为 ITl0 级精度。

该零件的年产量属于中批量，零件外形简单对称，材料为一般用钢，采用冲压加工经济性良好。

4.1.2　零件的工艺性分析

该零件形状的基本特征是一般带凸缘的圆筒形件，故主要成形方法是冲裁和拉深。零件的 d_t/d、h/d 都不太大，其拉深工艺性较好，只是圆角半径 $R1\text{mm}$ 及 $R1.5\text{mm}$ 偏小，$\phi22.3_0^{+0.14}\text{mm}$、$\phi16.5_0^{+0.12}\text{mm}$ 及 $8_0^{+0.2}\text{mm}$ 的精度有点偏高，这可在拉深时采用较高精度的模具和较小的凸、凹模间隙，并安排一次整形工序最后达到。三个小孔 $\phi3.2\text{mm}$ 的孔径大于冲裁所允许的最小孔径，但中心距要求较高，并要求与 $\phi16.5_0^{+0.12}\text{mm}$ 的相互位置准确，可采用较高精度的冲模同时冲出三个孔，并以 φ22.3mm 内孔定位。零件的材料为 08 钢，其冲压成形性能较好。

综上所述，该零件的形状、尺寸、精度、材料均符合冲压工艺性要求，故可以采用冲压方法加工。

4.2   冲压工艺方案的制定

4.2.1   工序性质与数量的确定

该零件的主要成形方法是冲裁和拉深。但底部 φ16.5mm 的成形可有三种方法：第 1 种是拉深成阶梯形后用车削方法切去底部；第 2 种是拉深成阶梯形后用冲孔法冲去底部；第 3 种是拉深后冲底孔，再翻孔，如图 4 - 2 所示。此三种方法中，第 1 种车削底部的方法口部质量较高，但生产效率低，且有废料，而该零件底部要求不高，不宜采用；第 2 种冲去底部的方法其效率比车底要高，但要求底部圆角半径接近零，这需要增加整形工序，即使这样，口部还是有锋利的锐角；第 3 种翻孔的方法生产效率高，且节省原材料，翻孔质量虽不如以上的好，但该零件高度尺寸 13mm 未标注公差，翻孔完全可以保证要求。所以，比较起来，采用第 3 种方法较为合理。

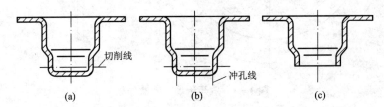

图 4 - 2   外壳底部成形方法

翻孔次数确定：

翻孔高度计算公式

$$H = \frac{D}{2}(1 - K) + 0.43r + 0.72t$$

求得翻孔系数计算式为

$$K = 1 - \frac{2}{D}(H - 0.43r - 0.72t)$$

将 $H = 13mm - 8mm = 5mm$，$t = 1.5mm$，$r = 1mm$，$D = 16.5mm + 1.5mm = 18mm$ 代入上式得

$$K = 1 - \frac{2}{18}(5 - 0.43 \times 1 - 0.72 \times 1.5) = 0.61$$

预冲孔直径 $d = KD = 0.61 \times 18mm = 11mm$

由 $d/t = 11/1.5 = 7.3$ 查表 6 - 4 - 1，当采用圆柱形凸模翻孔并用冲孔模冲预孔时，其极限翻孔系数 $K = 0.5$。因 $K > [K]$，故可一次翻孔成形。冲孔翻孔前工序件形状和尺寸如图 4 - 3(a)所示，图中凸缘直径 φ54mm 是由零件凸缘直径 φ50mm 加上拉深后切边的余量（取 $\Delta R = 2mm$）确定的。

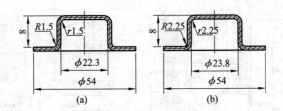

图 4-3 冲孔翻孔前工序件形状和尺寸

拉深次数确定如下：

零件的坯料直径 D 按图 4-3(b) 所示中线尺寸计算，由表 6-3-4 得

$$D = \sqrt{d_4^2 + 4d_2H - 3.44rd_2}$$

$$= \sqrt{54^2 + 4 \times 23.8 \times 8 - 3.44 \times 2.25 \times 23.8} = 58.9\text{mm} \approx 59\text{mm}$$

根据 $d_t/d = 54/23.8 = 2.26$、$t/D = 1.5/59 \times 100\% = 2.5\%$ 查表 6-3-5，得 $[H/d] = 0.35 \sim 0.45$，而 $H/d = 8/23.8 = 0.34 < [H/d]$，所以能够一次拉深成形。

根据以上的分析和计算，该零件的冲压加工需要以下基本工序：落料、拉深、整形、冲 $\phi11\text{mm}$ 孔、翻孔、冲三个 $\phi3.2\text{mm}$ 孔、切边。

4.2.2 冲压工艺方案的确定

根据以上基本工序，可拟定出以下 5 种冲压工艺方案：

方案一：落料、拉深与整形复合，其余按基本工序，如图 4-4 所示。

方案二：落料、拉深与整形复合→冲 $\phi11\text{mm}$ 底孔与翻孔复合（见图 4-5(a)）→冲三个 $\phi3.2\text{mm}$ 孔与切边复合（图 4-5(b)）。

方案三：落料、拉深与整形复合→冲 $\phi11\text{mm}$ 底孔与冲三个 $\phi3.2\text{mm}$ 孔复合（见图 4-6(a)）→翻孔与切边复合（图 4-6(b)）。

方案四：落料、拉深、冲 $\phi11\text{mm}$ 底孔与整形复合（图 4-7）→翻孔→冲三个 $\phi3.2\text{mm}$ 孔→切边。

方案五：采用带料级进拉深或在多工位自动压力机上冲压。

分析比较上述五种工艺方案，可以看出：

方案二符合冲压成形规律，但冲孔与翻孔复合和冲孔与切边复合都存在凸凹模壁厚太薄（分别为 2.75mm 和 2.4mm）的问题，模具容易损坏，故不宜采用。

方案三也符合冲压成形规律，并且也解决了上述模壁太薄的问题，但冲 $\phi11\text{mm}$ 底孔与冲 $\phi3.2\text{mm}$ 小孔复合及翻边与切边复合时，它们的工作零件都不在同一平面上，磨损快慢也不一样，这会给修磨带来不便，修磨后要保持相对位置也有困难。

方案四同样存在工作零件修磨不方便的问题。

方案五采用带料级进拉深或多工位自动压力机冲压，可获得高的生产效率，而且操作安全，也避免了上述方案的缺点，但这一方案需要专用压力机或自动送料装置，而且模具结构复杂，制造周期长，生产成本高。因此，只有在大量生产中才较适宜。

方案一没有上述各方案的缺点，但其工序组合程度较低，生产率较低。不过各工序模具结构简单，制造费用低，对中小批量生产是合适的。

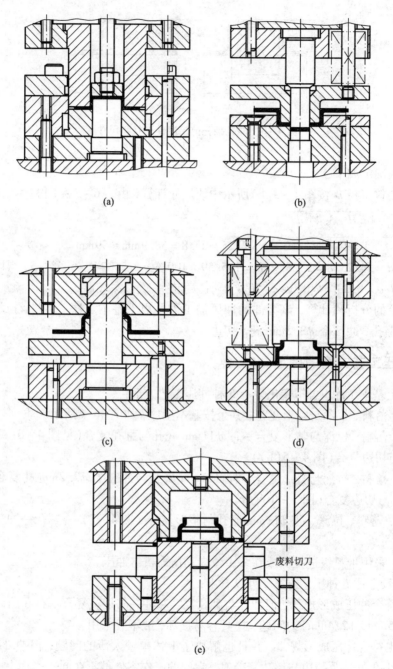

图4-4　方案一　各工序模具结构简图

　　根据以上分析比较,决定采用方案一为本外壳零件的冲压工艺方案。

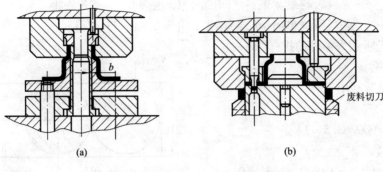

图 4 – 5 方案二 部分模具结构简图

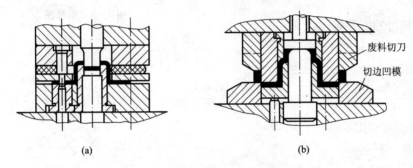

图 4 – 6 方案三 部分模具结构简图

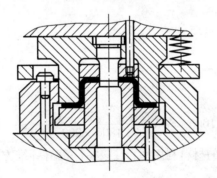

图 4 – 7 方案四 第 1 道工序模具结构简图

4.3 冲压工艺计算

4.3.1 确定排样与裁板方案

1. 排样

板料规格拟选用 1.5mm × 900mm × l800mm（08 钢板）。因坯料直径为 $\phi59$mm 不算太小，考虑到操作方便，采用条料单排。条料定位方式采用导料板导向，挡料销定距，取搭边值 $a = 2$mm，$a_1 = 1.5$mm（查表 6 – 1 –9）则

进距 $s = D_{max} + a_1 = 59$mm $+ 1.5$mm $= 60.5$mm

条料宽度：$B^0_{-\Delta} = (D_{max} + 2a + Z)^0_{-\Delta} = (59\text{mm} + 2 \times 2\text{mm} + 0.5\text{mm})^0_{-0.6} = 63.5^0_{-0.6}$mm

式中：　Z——导料板与最宽条料之间的间隙，由表 6 - 1 - 13 查得。

　　　　Δ——条料宽度单向(负向)偏差，由表 6 - 1 - 11 查得。

如图 4 - 8 所示为零件的排样图。

2. 裁板方案

1) 板料纵裁利用率

条料数量

$n_1 = B/b = 900/63.5 = 14$ 条

每条零件数

$n_2 = (L - a_1)/s = (1800 - 1.5)/60.5$

$\quad = 29$ 个

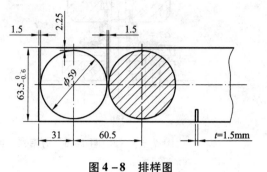

图 4 - 8　排样图

每张板料可冲零件数

$n = n_1 \times n_2 = 14 \times 29 = 406$ 个

材料利用率

$$\eta = \frac{[n\pi(D^2 - d^2)]/4}{L \times B} \times 100\% = \frac{[406 \times \pi(59^2 - 11^2)]/4}{1800 \times 900} \times 100\% = 66.1\%$$

2) 板料横裁利用率

条料数量

$n_1 = L/b = 1800/63.5 = 28$ 条

每条零件数

$n_2 = (B - a_1)/s = (900 - 1.5)/60.5 = 14$ 个

每张板料可冲零件数

$n = n_2 \times n_2 = 28 \times 14 = 392$ 个

材料利用率

$$\eta = \frac{[n\pi(D^2 - d^2)]/4}{L \times B} \times 100\% = \frac{[392 \times \pi \times (59^2 - 11^2)]/4}{1800 \times 900} \times 100\% = 63.9\%$$

由此可见，纵裁有较高的材料利用率，且该零件没有纤维方向性的考虑，故决定采用纵裁法。

4.3.2　确定各工序件尺寸(按中线尺寸计算)

1. 落料与拉深

拉深可一次成形，工序件尺寸就为零件尺寸。

坯料(落料)直径 $D = 59\text{mm}$，拉深高度 $h = 8\text{mm}$，拉深直径 $d = 23.8\text{mm}$

拉深系数 $m = d/D = 23.8/59 = 0.403$

2. 翻孔

翻孔可一次成形，翻孔系数为 $K = 0.61$，底孔直径 $d = 11\text{mm}$。

4.3.3　工作零件工作尺寸的确定

1. 落料拉深兼整形工序[模具结构按图 4 - 4(a)]

1) 落料：采取凸模和凹模分开加工。

落料尺寸按未注公差计算(IT14 级)，因此落料件尺寸为 $\phi 59_{-0.74}^{0}$ mm。

落料凹模尺寸

$$D_A = (D_{max} - x\Delta)_0^{+\delta_d} = (59 - 0.5 \times 0.74)_0^{+0.03} = 58.63_0^{+0.03} \text{mm}$$

式中 $x = 0.5$，$\delta_A = 0.03$，分别由表 6 - 1 - 4 及表 6 - 1 - 3 查得。

落料凸模尺寸

$$D_T = (D_A - Z_{min})_{-\delta_T}^0 = (58.63 - 0.132)_{-0.02}^0 = 58.50_{-0.02}^0 \text{mm}$$

式中 $Z_{min} = 0.132$mm，$\delta_T = 0.02$，分别由表 6 - 1 - 2 及表 6 - 1 - 3 查得。同时查得 $Z_{max} = 0.240$mm。

验算：$|\delta_A| + |\delta_T| = 0.03 + 0.02 = 0.05 < Z_{max} - Z_{min} = 0.24 - 0.132 = 0.108$，故满足要求。

2)拉深：按标注内形尺寸进行计算，工件尺寸为 $\phi 22.3_0^{+0.14}$ mm。

拉深凸模尺寸

$$d_T = (d_{min} + 0.4\Delta)_{-\delta_T}^0 = (22.3 + 0.4 \times 0.14)_{-0.03}^0 = 22.36_{-0.03}^0 \text{mm}$$

式中 $\delta_T = 0.03$，由表 6 - 3 - 15 查得。

拉深凹模尺寸

$$d_A = (d_{min} + 0.4\Delta + 2Z)_0^{+\delta_A} = (22.3 + 0.4 \times 0.14 + 2 \times 1.6)_0^{+0.05} = 25.56_0^{+0.05} \text{mm}$$

式中 $\delta_A = 0.05$，$Z = 1.05t$，由表 6 - 3 - 15 及表 6 - 3 - 14 查得。

2. 冲翻孔底孔工序[以模具结构按图 4 - 4(b)]

采取凸模和凹模分开加工。冲底孔尺寸按未注公差计算(IT14 级)，因此底孔尺寸为 $\phi 11_0^{+0.43}$ mm。

冲底孔凸模尺寸

$$d_T = (d_{min} + x\Delta)_{-\delta_T}^0 = (11 + 0.5 \times 0.43)_{-0.02}^0 = 11.22_{-0.02}^0 \text{mm}$$

式中 $x = 0.5$，$\delta_T = 0.02$，分别由表 6 - 1 - 4 及表 6 - 1 - 3 查得。

冲底孔凹模尺寸

$$d_A = (d_A + Z_{min})_0^{+\sigma_A} = (11.22 + 0.132)_0^{+0.02} = 11.35_0^{+0.02} \text{mm}$$

式中 $Z_{min} = 0.132$mm，$\delta_A = 0.02$，分别由表 6 - 1 - 2 及表 6 - 1 - 3 查得。同时查得 $Z_{max} = 0.240$mm。

验算：$|\delta_D| + |\delta_A| = 0.02 + 0.02 = 0.04 < Z_{max} - Z_{min} = 0.24 - 0.132 = 0.108$，故满足要求。

3. 翻孔工序[模具结构按图 4 - 4(c)]

按标注内形尺寸进行计算，工件尺寸为 $\phi 16.5_0^{+0.12}$ mm。

翻孔凸模尺寸

$$d_T = (d_{min} + 0.5\Delta)_{-\delta_T}^0 = (16.5 + 0.5 \times 0.12)_{-0.02}^0 = 16.56_{-0.02}^0 \text{mm}$$

式中 δ_T 按 IT7 级确定。

翻孔凹模尺寸

$$d_A = (d_{min} + 0.5\Delta + 2Z)_0^{+\delta_A} = (16.5 + 0.5 \times 0.12 + 2 \times 1.28)_0^{+0.02} = 19.12_0^{+0.02} \text{mm}$$

式中 δ_A 按 IT7 级确定，$Z = 0.85t$。

4. 冲三个小孔 $\phi 3.2$mm 工序[模具结构按图 4 - 4(d)]

采取凸模和凹模分开加工。按未注公差计算(IT14 级)，冲孔尺寸为 $\phi 3.2_0^{+0.3}$ mm。

冲孔凸模尺寸

$$d_T = (d_{min} + x\Delta)^0_{-\delta_T} = (3.2 + 0.5 \times 0.3)^0_{-0.02} = 3.35^0_{-0.02} \text{mm}$$

式中 $x = 0.5$，$\delta_T = 0.02$，分别由表 6 - 1 - 4 及表 6 - 1 - 3 查得。

冲底孔凹模尺寸

$$d_A = (d_p + Z_{min})^{+\delta_A}_0 = (3.35 + 0.132)^{+0.02}_0 = 3.48^{+0.02}_0 \text{mm}$$

式中 $Z_{min} = 0.132\text{mm}$，$\delta_A = 0.02$，分别由表 6 - 1 - 2 及表 6 - 1 - 3 查得。同时查得 $Z_{max} = 0.240\text{mm}$。

验算：$|\delta_A| + |\delta_T| = 0.02 + 0.02 = 0.04 < Z_{max} - Z_{min} = 0.24 - 0.132 = 0.108$，故满足要求。

5. 切边工序[模具结构按图 4 - 4(e)]

采取凸模和凹模分开加工。切边尺寸按未注公差计算(IT14 级)，因此工件尺寸为 $\phi 50^0_{-0.62}\text{mm}$。

切边凹模尺寸

$$D_A = (D_{max} - x\Delta)^{+\delta_A}_0 = (50 - 0.5 \times 0.62)^{+0.03}_0 = 49.69^{+0.03}_0 \text{mm}$$

式中 $x = 0.5$，$\delta_A = 0.03$，分别由表 6 - 1 - 4 及表 6 - 1 - 3 查得。

切边凸模尺寸

$$D_T = (D_A - Z_{min})^0_{-\delta_d} = (49.69 - 0.132)^0_{-0.02} = 49.56^0_{-0.02} \text{mm}$$

式中 $Z_{min} = 0.132$，$\delta_T = 0.02$，分别由表 6 - 1 - 2 及表 6 - 1 - 3 查得。同时查得 $Z_{max} = 0.240\text{mm}$。

验算：$|\delta_d| + |\delta_p| = 0.03 + 0.02 = 0.05 < Z_{max} - Z_{min} = 0.24 - 0.132 = 0.108$，故满足要求。

4.3.4 各工序冲压力的计算，初选压力机

1. 落料拉深兼整形工序[模具结构按图 4 - 4(a)]

落料力

$$F_1 = Lt\sigma_b = 59\pi \times 1.5 \times 400\text{N} = 111212\text{N}$$ 式中 $\sigma_b = 400\text{N}$，由表 7 - 4 - 1 查得。

卸料力

$$F_X = K_X F_1 = 0.05 \times 111212\text{N} = 5561\text{N}$$ 式中 $K_X = 0.05$，由表 6 - 1 - 14 查得。

拉深力

$$F_2 = K_1\pi d_1 t\sigma_b = 1 \times \pi \times 23.8 \times 1.5 \times 400\text{N} = 44862\text{N}$$ 式中 $K_1 = 1$，表 6 - 3 - 11 查得。

压料力

$$F_Y = \pi[D^2 - (d_1 + 2r_{d1})^2]p/4 = 3.14 \times [59^2 - (23.8 + 2 \times 1.5)^2] \times 2.5/4\text{N} = 5425\text{N}$$

式中 $p = 2.5$，由表 6 - 3 - 12 查得。

整形力

$$F_3 = pA = 80 \times 3.14 \times [(54^2 - 25.3^2) + (22.3 - 2 \times 1.5)^2]/4\text{N} = 166319\text{N}$$

式中 $p = 80\text{MPa}$，为在平面模上校平的单位压力，由表 6 - 4 - 6 查得。A 为工件的校平面积，单位 mm^2。

落料时最大冲压力在距下止点 8mm 左右达到，其值为

$$F_\Sigma = F_1 + F_Y = 111212\text{N} + 5425\text{N} = 116637\text{N} \approx 116\text{kN}$$

可以看出 $F_3 > F_\Sigma$，整形力最大，并且是在临近下止点拉深工序接近完成时发生的。但因本工序是落料拉深复合，工作行程较大，因此确定压力机标称压力时应考虑压力机的许用压力曲线，应使工作时拉深力曲线位于压力机滑块的许用负荷曲线之下，根据工厂现有设备

选择合适的压力机。本工序可以选用 J23 - 40 压力机。

2. 冲翻孔底孔工序[模具结构按图 4 - 4(b)]

冲孔力

$$F_1 = Lt\sigma_b = 11\pi \times 1.5 \times 400N = 20735N$$ 式中 $\sigma_b = 400N$，由表 7 - 4 - 1 查得。

卸料力

$$F_X = K_X F_1 = 0.05 \times 20735N = 1037N$$ 式中 $K_X = 0.05$，由表 6 - 1 - 14 查得。

推件力

$$F_T = nK_T F_1 = 5 \times 0.055 \times 20735N = 5702N$$ 式中 $K_T = 0.055$，由表 6 - 1 - 14 查得。n 为留在凹模里的废料片数（设凹模刃口高度 $h = 8mm$，则 $n = h/t = 8/1.5 \approx 5$）

冲压总力

$$F_\Sigma = F + F_X + F_T = 20735N + 1037N + 55702N = 27474N \approx 28kN$$

显然，只要选 63kN 压力机即可，但考虑冲件尺寸及行程要求，选用 J23 - 25 压力机。

3. 翻孔工序[模具结构按图 4 - 4(c)]

本工序在翻孔变形结束时有整形作用，因而应分别计算翻孔力、整形力和顶件力。

翻孔力

$$F_1 = 1.1\pi(D - d)t\sigma_s = 1.1\pi \times (18 - 11) \times 1.5 \times 196N = 7112N$$

式中 $\sigma_s = 196MPa$，由表 7 - 4 - 1 查得。

顶件力可取翻孔力的 10%，即 $F_D = 0.1F_1 = 0.1 \times 7112N = 711N$

整形力

$$F_2 = pA = 80 \times \pi(22.3^2 - 16.5^2)/4N = 14140N$$

式中 $p = 80MPa$，为在平面模上校平的单位压力，由表 6 - 4 - 6 查得。

同样因整形力比翻孔力和顶件力大得多，故按整形力选择压力机。这里可以选用 J23 - 25 压力机。

4. 冲三个小孔 $\phi 3.2mm$ 工序[模具结构按图 4 - 4(d)]

冲孔力

$$F = Lt\sigma_b = 3 \times 3.2\pi \times 1.5 \times 400N = 18096N$$ 式中 $\sigma_b = 400N$，由表 7 - 4 - 1 查得。

卸料力

$$F_X = K_X F = 0.05 \times 18096N$$ 式中 $K_X = 0.05$，由表 6 - 1 - 14 查得。

推件力

$$F_T = nK_T F = 5 \times 0.055 \times 1809N = 4976N$$ 式中 $K_T = 0.055$，由表 6 - 1 - 14 查得。n 为留在凹模里的废料片数（设凹模刃口高度 $h = 8$，则 $n = h/t = 8/1.5 \approx 5$）

冲压总力

$$F_\Sigma = F + F_X + F_T = 18096N + 905N + 4976N = 23977N \approx 24kN$$

同样考虑冲件尺寸及行程要求，选用 J23 - 25 压力机。

5. 切边工序[模具结构按图 4 - 4(e)]

模具结构采用废料切刀(4 个)卸料和刚性推件方式，故只需计算切边力和废料切刀的切断力。

切边力

$$F_1 = Lt\sigma_b = 50\pi \times 1.5 \times 400N = 94248N$$ 式中 $\sigma_b = 400N$，由表 7 - 4 - 1 查得。

切断力
$$F_2 = 4L't\sigma_b = 4 \times (54 - 500) \times 1.5 \times 400\mathrm{N} = 9600\mathrm{N}$$
冲压总力
$$F_\Sigma = F_1 + F_2 = 94248\mathrm{N} + 9600\mathrm{N} = 103848\mathrm{N} \approx 104\mathrm{kN}$$
也选用 J23 – 25 压力机。

4.3.5 填写冲压工艺过程卡

(厂名)	冲压工艺过程卡	产品型号		零(部)件名称	玻璃升降器外壳	共　页
		产品名称		零(部)件型号		第　页

材料牌号及规格/mm	材料技术要求	坯料尺寸/mm	每个坯料可制件数	毛坯重量	辅助材料
08 钢 1.5 ± 0.11 × 1800 × 900		条料 1.5 × 63.5 × 1800	29		

工序号	工序名称	工序内容	加工简图	设备	工艺装备	工时
0	下料	剪床上裁板 63.5 × 1800		剪板机		
1	落料拉深（兼整形）	落料、拉深与整形复合		J23 – 40	落料拉深复合模	
2	冲孔	冲 $\phi11$ 底孔		J23 – 25	冲孔模	
3	翻孔	翻底孔		J23 – 25	翻孔模	
4	冲孔	冲三个 $\phi3.2$ 孔		J23 – 25	冲孔模	
5	切边	切凸缘边缘达尺寸要求		J23 – 25	切边模	
6	检验	按零件图样检验				

					编制（日期）	审核（日期）	会签（日期）
标记	处数	更改文件号	签字	日期	标记	处数	更改文件号	签字	日期			

4.4　模具结构的确定

1. 落料拉深复合模［简图见4-4(a)］

1) 模具类型

由冲压工艺分析可知，采用复合冲压，所以模具类型为落料-拉深-整形复合模。

2) 操作与定位方式

零件的生产批量属于中批，年产量10万件。合理安排生产可采用手工送料方式能够达到要求，且能降低模具成本，因此采用手工送料方式。考虑零件尺寸、料厚适中，为了便于操作，保证质量，采用导料板导向、挡料销定距的定位方式。

3) 卸料与出件方式

为了保证工件质量，采用上出件方式，由模具下方弹顶器将工件从落料凹模中顶出，并起压料作用。为了简化模具，考虑到卸料力较大，材料较厚，冲压后卡在凸凹模上的条料废料采用刚性卸料装置卸料，而最终留在凸凹模内的工件可采用刚性推件装置推出。

4) 模架类型及精度

为了提高模具受命和工件质量，方便安装调整，采用中间导柱圆形模架。考虑零件精度要求不是很高，因此采用Ⅱ级模架精度。

2. 冲孔模(ϕ11mm)［简图见4-4(b)］

1) 模具类型

由冲压工艺分析可知，模具类型为单工序冲孔模。

2) 操作与定位方式

为了便于操作，定位方式采用定位板定位。

3) 卸料与出件方式

考虑到工序件的结构，为了保证工件质量，采用弹性卸料方式，并起压料作用。冲孔废料采用由凸模直接从凹模洞口推下的下出料方式。

4) 模架类型及精度

考虑到零件精度不高，从装模方便的角度考虑，采用后侧导柱导向模架。模架精度等级为Ⅱ级。

3. 翻孔模［简图见4-4(c)］

1) 模具类型

由冲压工艺分析可知，模具类型为单工序翻孔模。

2) 操作与定位方式

为了保证定位准确，可利用工序件内孔(ϕ22.3)定位，在模具中设置压料板，压料板外形尺寸与工序件内孔一致，即可压料，又起定位作用。

3) 卸料与出件方式

为了保证可靠卸料和出件，在下模采用弹性顶件(压料)装置，在上模采用刚性推件装置。

4) 模架类型及精度

从装模方便的角度考虑，采用后侧导柱导向模架。模架精度等级为Ⅱ级。

4. 冲孔模(3 – ϕ3. 2mm)［简图见 4 – 4(d)］

1）模具类型

模具类型为单工序冲孔模。

2）操作与定位方式

工序件为回转体零件，可利用工序件内孔(ϕ22. 3)定位，在模具中设置定位销，定位销外形尺寸与工序件内孔一致。

3）卸料与出件方式

为了可靠卸料，采用弹性卸料(压料)装置，冲孔废料采用由凸模直接从凹模洞口推下的下出料方式。

4）模架类型及精度

模架类型采用后侧导柱导向模架。模架精度等级为Ⅱ级。

5. 切边模［简图见 4 – 4(e)］

1）模具类型

模具类型为单工序切边模。

2）操作与定位方式

与冲孔模(ϕ3. 2)相同，可采用定位销定位。

3）卸料与出件方式

为了简化模具结构，周边废料采用废料切刀切断卸料，上模采用刚性推件装置推件。

4）模架类型及精度

模架类型采用后侧导柱导向模架。模架精度等级为Ⅱ级。

4.5　模具零部件的设计与选用

限于篇幅，这里只介绍落料拉深整形复合工序模具零、部件的设计过程，其他工序模具的零、部件设计过程从略。

1. 落料 – 拉深 – 整形复合模

1）确定凸、凹模结构

① 落料凹模设计

凹模采用圆形板状结构通过螺钉、销钉与下模座固定。因制件批量较大，考虑凹模的磨损因素和保证制件的质量，凹模刃口采用直刃壁结构，刃壁高度取 8mm，漏料部分考虑要装顶件块沿刃口轮廓单边扩大 3.5mm。凹模轮廓尺寸计算如下：

凹模厚度为

$H = Ks = 0.5 \times 59 = 29.5$mm 取 $H = 30$mm

式中 K 为凹模厚度系数，$K = 0.5$。

凹模直径为

$D = s + (2 \sim 4)H = 59 + 2 \times 30 = 119$mm

根据算得的凹模轮廓尺寸，选取与计算值相接近的标准凹模轮廓尺寸为 $D \times H = 125$mm $\times 30$mm。

凹模材料选用 CrWMn，工作部分热处理淬硬 60 ~ 64HRC。

② 落料拉深整形凸凹模设计

落料凸模和拉深凹模刃口形状都为圆形,形状简单,可设计成阶梯形结构,通过台肩与固定板固定。凸凹模的尺寸根据落料凸模和拉深凹模工作尺寸、卸料装置和安装固定要求确定。

凸凹模的材料也选用 CrWMn,工作部分热处理淬硬 58~62HRC。

③ 拉深凸模(兼整形凸模)设计

拉深凸模形状也为圆形,可设计成阶梯形结构,通过台肩固定。拉深凸模尺寸根据拉深工作要求及其工作尺寸要求确定。

拉深凸模的材料采用 T10A,工作部分热处理淬硬 58~62HRC。

2) 选用定位零件

导料板设计成与卸料板制成整体的结构形式,导料板厚度取 $h = 7$mm,(查表 6 – 1 – 22)。导料板间距为:

$B_0 = B + Z = 63.5 + 0.5 = 64$mm

式中 Z 为导料板与条料之间的间隙,由表 6 – 1 – 13 查得。

挡料销采用直径为 $D = 10$mm, $d = 4$mm, 高度为 $h = 3$mm 的 A 型固定挡料销,标记为 $A10 \times 4 \times 3$JB/T769.10。

3) 设计选用压料和卸料零件

① 顶件装置

顶件装置主要由顶件块、顶杆和弹顶器组成。弹顶器是通用的,弹性元件采用橡胶。顶杆尺寸预设为 $\phi6$mm × 70mm。顶件块与凹模的配合为间隙配合,与拉深凸模的配合为较松间隙配合,外形尺寸根据凹模刃口尺寸和拉深凸模尺寸确定。为保证可靠顶件,在开模状态时,顶件块工作面高出凹模表面 0.2~0.5mm。顶件块材料为 40 钢,热处理淬硬40~45HRC。

② 推件装置

推件装置主要由推件块、打杆和紧固螺母组成。打杆直径为 $\phi10$mm,材料为 40 钢,热处理淬硬 40~45HRC。推件块外形为圆柱形,尺寸为 $\phi24$mm × 10mm,与打杆螺纹相联。推件块材料也为 40 钢,热处理淬硬 40~45HRC。

③卸料装置

根据工艺计算可知,卸料力较大,为保证卸料可靠,简化模具,卸料装置采用刚性卸料,并与导料板制作成整体结构。卸料板与落料凸模配合为间隙配合,双边间隙取 0.5mm。卸料板材料为 45 钢,外形尺寸初定为 $\phi125$mm × 15mm,其中导料板厚7mm。

4) 选择模架

根据凹模轮廓尺寸,初步确定其他主要模具零部件的尺寸规格为:凸凹模固定板 $\phi125$mm × 18mm, 垫板 $\phi125$mm × 6mm, 卸料板 $\phi125$mm × 15mm, 拉深凸模固定板 $\phi125$mm × 18mm, 模柄 $A50 \times 105$(JB/T7646.1—1994)。

初选模架:$\phi125 \times (160 \sim 190)$(GB/T2851.6—1990)

4.6 压力机的校核

限于篇幅，这里也只介绍落料拉深复合模压力机的校核。

1. 落料拉深复合模

选用 J23 – 40 型压力机，采用固定台式，其闭合高度为 220 ~ 300mm，垫板厚度为 80mm，装模高度为 140mm ~ 220mm，工作台尺寸为 630mm × 420mm，模柄孔尺寸为 ϕ50mm × 70mm。

1）模具闭合高度校核

模具闭合高度为：

$H_模$ = 下模座厚度 + 上模座厚度 + 凸模固定板厚度 + 凹模板厚度

　　 + 凸凹模固定板厚度 + 垫板厚度 + 卸料板厚度 + 凸凹模固定板与卸料板之间的安全距离

　　　　 = 40 + 30 + 18 + 30 + 18 + 6 + 15 + 20 = 177mm。

冲压机装模高度为 140mm ~ 220mm，因此满足 $H_{max} - 5 \geq H_模 \geq H_{min} + 10$ 要求。

2）冲压过程中整形力（ $F_3 = 166319N$ ）最大，并且是在临近下止点拉深工序接近完成时发生的。压力机的公称压力 $P_公 = 400kN$，$P_公 > F_3$，且工作时压力曲线位于压力机滑块的许用负荷曲线之下，因此满足生产要求。

3）模具最大安装尺寸为 306mm × 190mm，压力机工作台台面尺寸为 630mm × 420mm，能满足模具的正确安装。

因此所选压力机满足要求。

4.7 模具总装图说明

按第 1 章的要求绘制装配图如图 4 – 9 ~ 图 4 – 13。

4.8 模具零件图的绘制及说明

限于篇幅，这里只列出落料拉深整形复合模工作零件的零件图，其他工序模具的零件图从略。（图 4 – 14 ~ 图 4 – 16）

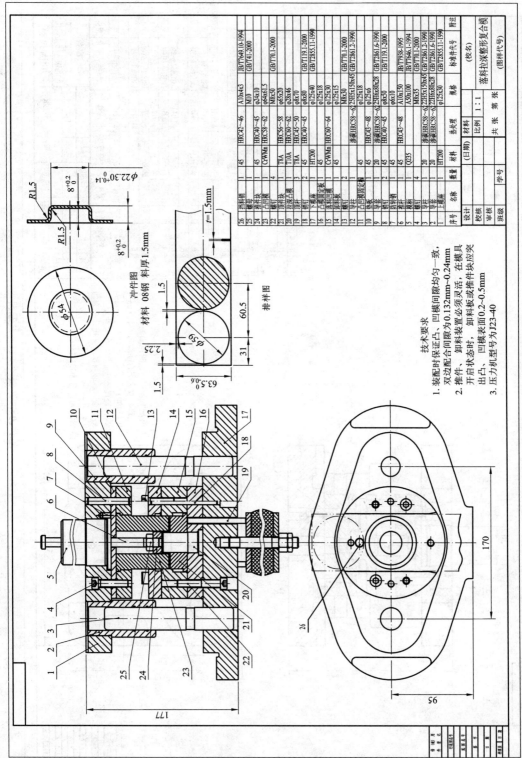

图4-9　落料拉深整形复合模装配图

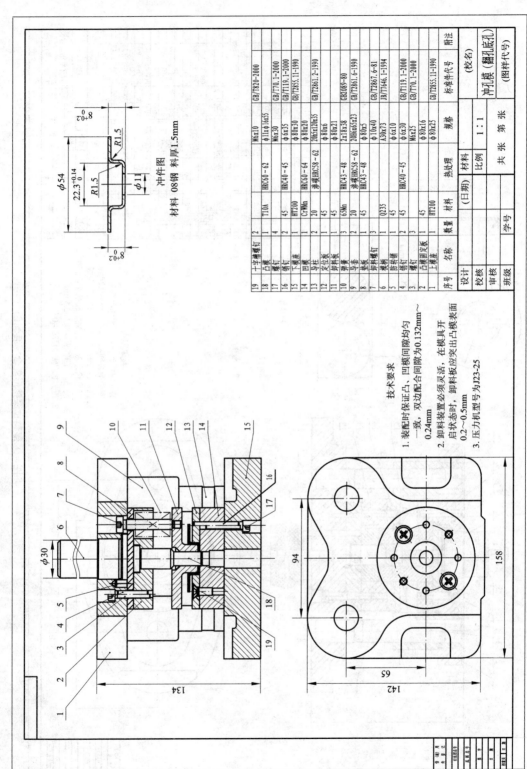

图4-10 冲孔模（φ11）装配图

冲件图

材料 08 钢 料厚1.5mm

技术要求

1. 装配时保证凸凹、凹模间隙均匀一致，双边配合间隙为0.132mm～0.24mm
2. 卸料装置必须灵活，在模具开启状态时，卸料板应突出凸模表面0.2～0.5mm
3. 压力机型号为J23-25

序号	名称	数量	材料	热处理	规格	标准件号
19	十字槽螺钉	2	T10A	HRC60～62	M6x10	GB/T820-2000
18	凸模	1			φ11xφ16x55	
17	销钉	4	45	HRC40～45	M6x30	GB/T70.1-2000
16	销钉	2	45		φ6x35	GB/T119.1-2000
15	下模座	1	HT200		φ80x30	GB/T2855.11-1990
14	导柱	1	CrMn	HRC60～64	φ80x20	
13	导套	2	20	渗碳HRC58～62	20x5x120x35	GB/T2861.2-1990
12	定位板	1	45		φ80x6	
11	卸料板	1	45		φ80x21	
10	弹簧	3	65Mn		2x18x38	GB/T2861.6-1990
9	弓套	1	20	渗碳HRC58～62	20x6x5x23	
8	垫块	1	45		φ80x5	GB/T2867.6-81
7	卸料螺钉	3			φ10x40	JB/T7646.1-1994
6	模柄	3	Q235		A30x73	
5	防转销	1	45		φ6x10	
4	销钉	2	45	HRC40～45	φ6x30	GB/T119.1-2000
3	螺钉	3			M6x25	GB/T70.1-2000
2	凸模固定板	1	45		φ80x16	
1	上模座	1	HT200		φ80x25	GB/T2855.11-1990

设计		冲孔模（翻孔底孔）
校核		（图样代号）
审核		比例 1:1
班级	学号	共 张 第 张

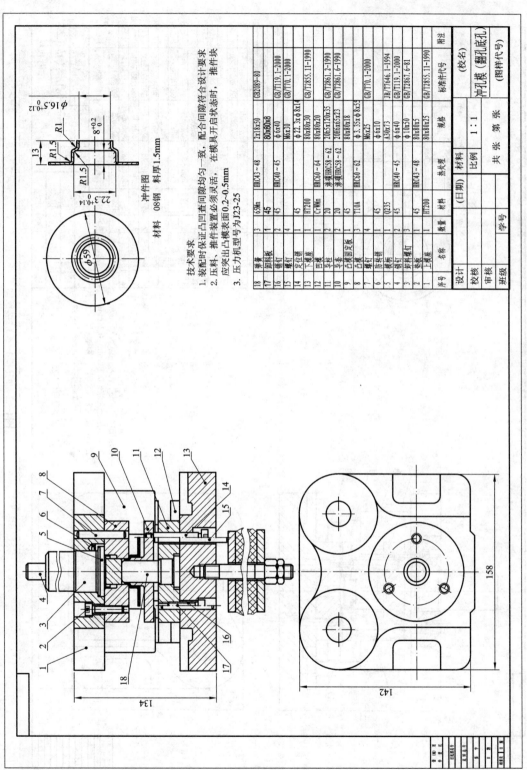

图 4-11　翻孔模装配图

冲件图　料厚 1.5mm

材料　08钢

技术要求
1. 装配时保证凸凹模间隙均匀一致, 配合间隙符合设计要求。
2. 压料、推件装置必须灵活, 在模具开启状态时, 推件块应突出凸模表面 0.2~0.5mm。
3. 压力机机型号为 J23-25。

序号	名称	数量	材料	热处理	规格	标准件代号	附注
18	垫套	3	63Mn	HRC43~48	2x18x50	GB2089-80	
17	卸料板	1	45		80x80x8		
16	销钉	2	45	HRC40~45	φ6x40	GB/T119.1-2000	
15	螺钉	4			M6x30	GB/T70.1-2000	
14	定位销	1	45		φ22.3xφ8x14		
13	下模座	1	HT200		80x80x30	GB/T2855.11-1990	
12	凹模	1	CrWMn	HRC50~64	80x80x20		
11	导柱	2	20	渗碳HRC58~62	20h5x120x35	GB/T2861.2-1990	
10	导套	2	20	渗碳HRC58~62	20H6x65x23	GB/T2861.6-1990	
9	凸模固定板	1	45		80x80x18		
8	凸模	1	T10A	HRC60~62	φ3.35xφ8x35	GB/T2855.11-1990	
7	螺钉	4	45		M6x10		
6	顶杆	1	45		φ6x10	GB/T70.1-2000	
5	模柄	1	Q235		A30x73	JB/T7646.1-1994	
4	销钉	2	45	HRC40~45	φ6x40	GB/T119.1-2000	
3	卸料螺钉	3	45		φ10x50	GB/T2867.6-81	
2	垫板	1	45	HRC43~48	80x80x5		
1	上模座	1	HT200		80x80x25	GB/T2855.11-1990	
序号	名称	数量	材料	热处理	规格	标准件代号	附注

设计		(日期)		冲孔模(翻孔底孔)	(校名)
校核			学号	(图样代号)	
审核					
班级		材料	比例 1:1	共 张 第 张	

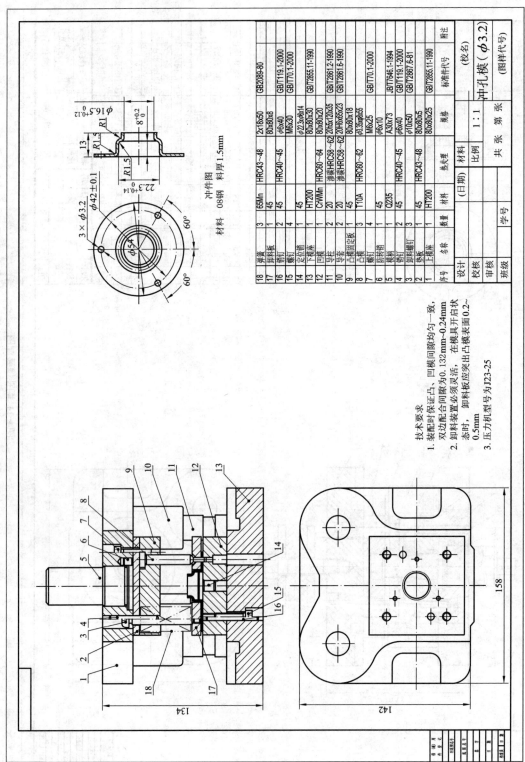

序号	名称	数量	材料	热处理	规格	标准代号	附注
18	弹簧	3	65Mn	HRC43~48	2×18×50	GB2089-80	
17	卸料板	1	45	HRC40~45	80×80×8	GB/T119.1-2000	
16	销钉	2	45		φ6×40	GB/T70.1-2000	
15	螺钉	4	45		M6×30		
14	定位销	1	45		φ23.9φ6×14		
13	下模座	1	HT200		80×80×30	GB/T2855.11-1990	
12	凹模	1	CrWMn	HRC60~64	80×80×20		
11	导柱	2	20	渗碳HRC58~62	20h5×120×35	GB/T2861.2-1990	
10	导套	2	20	渗碳HRC58~62	20H6φ55×23	GB/T2861.6-1990	
9	凸模固定板	1	45		80×80×18		
8	凸模	3	T10A	HRC60~62	φ3.35φ8φ55		
7	螺钉	4	45		M6×25	GB/T70.1-2000	
6	防转销	1	45		φ6×10		
5	模柄	1	Q235		A30×73	JB/T7646.1-1994	
4	销钉	2	45	HRC40~45	φ6×40	GB/T119.1-2000	
3	卸料螺钉	3	45		φ10×50	GB/T2867.6-81	
2	垫板	1	45	HRC43~48	80×80×5	GB/T2855.11-1990	
1	上模座	1	HT200		80×80×25		

	(日期)	材料		
设计			冲孔模（φ3.2）	
校核		比例　1∶1		
审核			共　张　第　张	(校名)
班级		学号	(图样代号)	

技术要求

1. 装配时保证凸、凹模配合间隙均匀一致，双边配合间隙为0.132mm~0.24mm。
2. 卸料装置必须灵活，在模具开启状态时，卸料板应突出凸模表面0.2~0.5mm。
3. 压力机型号为J23-25。

图4-12　冲孔模3-φ3.2装配图

冲件图

材料　08钢　料厚1.5mm

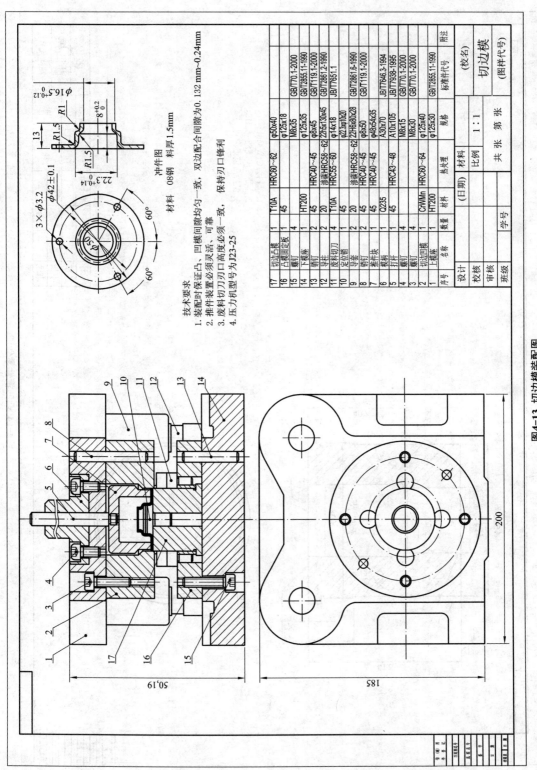

图4-13 切边模装配图

冲件图

材料 08钢 料厚1.5mm

技术要求
1. 装配时保证凸、凹模间隙均匀一致，双边配合间隙为0.132 mm～0.24mm
2. 推件装置必须灵活、可靠
3. 废料切刀刃口高度必须一致，保持刃口锋利
4. 压力机型号为J23-25

序号	名称	数量	材料	热处理	规格	标准代号	附注
17	切边凸模	1	T10A	HRC50～62	φ50x40		
16	凸模固定板	1	45		φ125x18		
15	螺钉	4			M8x35	GB/T70.1-2000	
14	下模座	1	HT200		φ125x35	GB/T2855.11-1990	
13	销钉	2	45	HRC40～45	φ5x45	GB/T119.1-2000	
12	导柱	2	20	渗碳HRC58～62	22h5x130x45	GB/T2861.2-1990	
11	废料切刀	4	T10A	HRC55～60	φ4x18	JB/T651.1	
10	定位销	1	45		φ23x□x20		
9	导套	2	20	渗碳HRC58～62	22H6x80x28	GB/T2861.6-1990	
8	销钉	2	45	HRC40～45	φ5x50	GB/T119.1-2000	
7	推件块	1	45	HRC40～45	φ48x54x35		
6	顶杆	1	Q235		A30x70	JB/T646.3-1994	
5	打杆	1	45	HRC43～48	A10x105	JB/T7938-1995	
4	螺钉	4			M8x15	GB/T70.1-2000	
3	螺钉	4			M8x30	GB/T70.1-2000	
2	切边凹模	1	CrWMn	HRC60～64	φ125x40		
1	上模座	1	HT200		φ125x30	GB/T2855.11-1990	

设计						
校核			学号			
审核		(日期)		材料	热处理	比例 1:1
班级						共 张 第 张

(校名)

切边模

(图样代号)

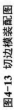

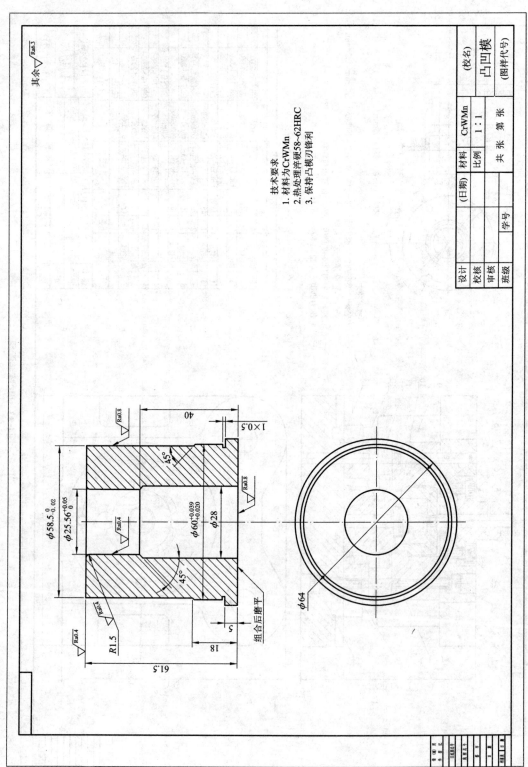

其余 ▽ Ra6.3

技术要求
1. 材料为CrWMn
2. 热处理淬硬58~62HRC
3. 保持凸模刃锋利

(校名)			凸凹模
			(图样代号)
材料	CrWMn	比例	1:1
		共 张	第 张
(日期)			
设计			
校核		学号	
审核			
班级			

图4-14 凸凹模件零件图

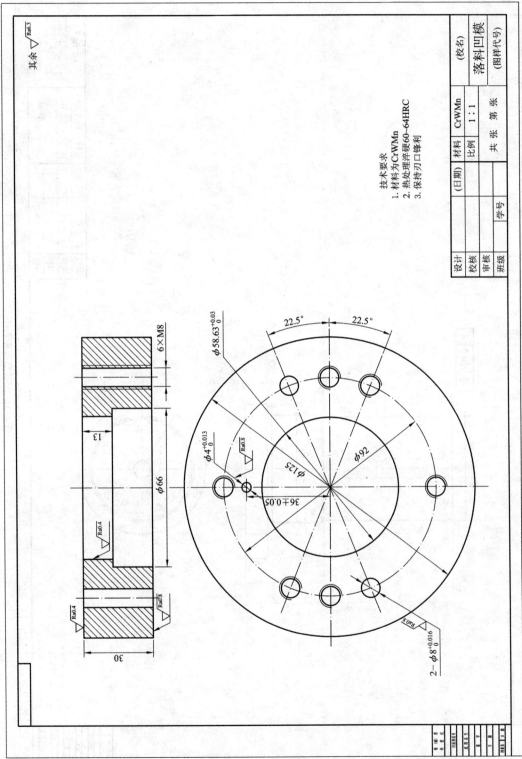

图4-15 落料凹模零件图

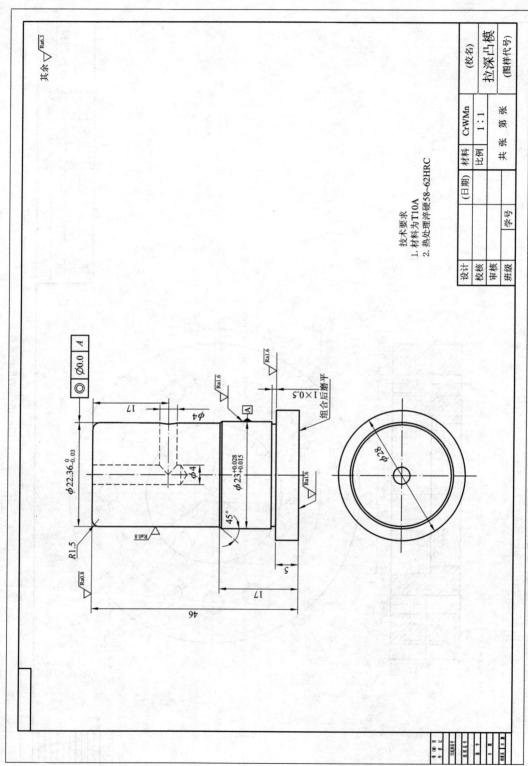

图4-16 拉深凸模零件图

技术要求
1. 材料为T10A
2. 热处理淬硬58~62HRC

第5章　冷冲压模具典型结构

5.1　冲裁模典型结构

5.1.1　单工序模

1. 小孔冲模

图5-1所示的是一副超短凸模的小孔冲模,零件板厚4mm,冲裁的零件在凹模上由定位板9与1定位,并由后侧压块10使冲裁件紧贴定位面。模具采用缩短凸模的方法来防止

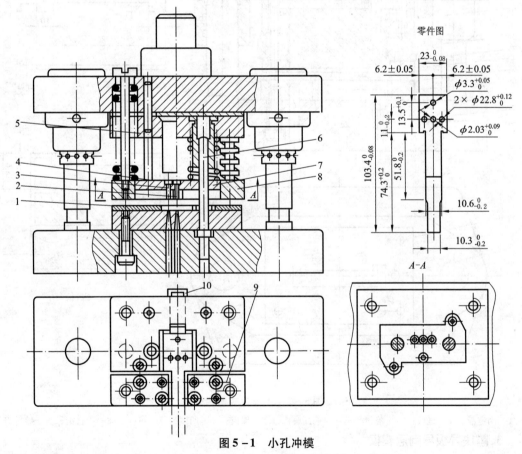

零件图

图5-1　小孔冲模

1,9—定位板;　2、3、4—小凸模;　5—冲击块;　6—小导柱;　7—小压板;　8—大压板;　9—侧压块;　10—后侧压块

其在冲裁过程中产生弯曲变形而折断,采用这种结构制造比较容易,凸模使用寿命较长。这副模具采用冲击块5冲击凸模进行冲裁工作。小凸模由小压板7进行导向,而小压板由两个

小导柱6进行导向。当上模下行时，卸料板8与小压板7先后压紧工件，小凸模2.3.4上端露出小压板7的上平面，上模压缩弹簧继续下行，冲击块5冲击小凸模2.3.4对零件进行冲孔，卸下零件由大压板8完成，厚料冲小孔模具的凹模孔口漏料必须通畅，防止废料堵塞损坏凹模。

2. 上出件式落料模

图5-2所示为导柱式弹压卸料板落料模。导柱与导套采用间隙配合来保证模具间隙均匀；本模具采用导料销9与挡料销8定位，冲压后条料箍住凸模随着上模上行，在弹性卸料装置的作用下脱离凸模；冲出的工件由顶板5从凹模孔中顶出。该模具因弹压卸料板压住条料（或毛坯）后冲裁，冲件平整度高；采用导柱导套导向，导向可靠、冲件精度高、模具寿命长；在冲床上安装方便。主要用于冲件尺寸较大、精度要求高的大批量生产中。

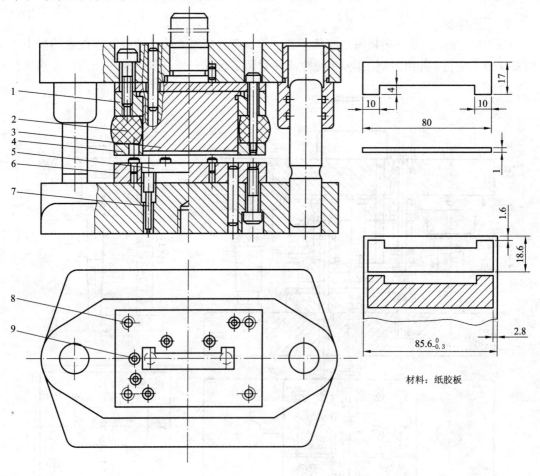

材料：纸胶板

图5-2   上出件式落料模

1—固定板；   2—橡胶；   3—落料凸模；   4—卸料板；   5—顶板；   6—凹模；   7—顶杆；   8—挡料销；   9—导料销

3. 垫块导板导向落料模

图5-3所示的是一副导板导向模，导板9主要是为凸模7起导向作用的，同时也作为卸料板起卸料作用，一般凸模与导板采用间隙配合 H7/h6。

为了保证导向精度，要求凸模在上、下的行程中都不脱离导板，因此，导板导向落料模所用的压力机的行程比较短（一般不大于20mm）。

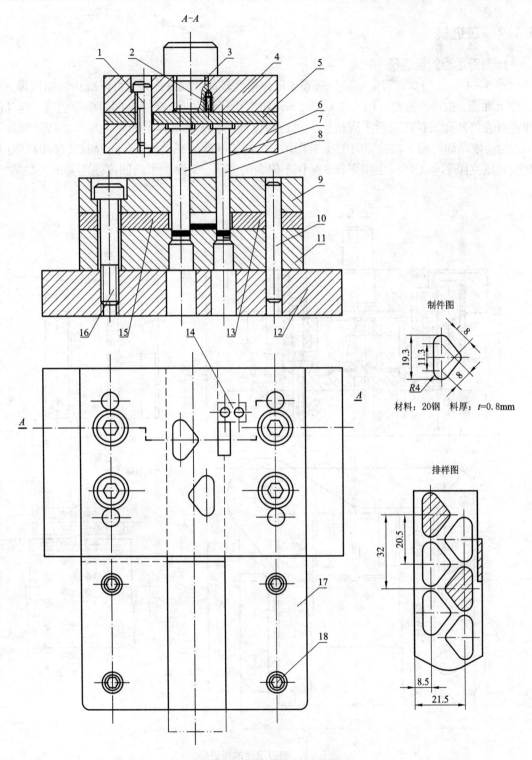

制件图

材料：20钢 料厚：$t=0.8$mm

排样图

图 5-3 垫块导板导向落料模

1—螺钉；2—止动螺钉；3—模柄；4—上模座；5—垫板；6—凸模固定板；7—凸模；8—定距侧刃；9—导板；
10—圆柱销；11—凹模；12—下模座；13—右导尺；14—挡料块；15—左导尺；16—螺钉；17—承料板；18—螺钉

5.1.2 级进模

1. 侧刃定距的级进模

图 5 – 4 是采用双侧刃定位的级进模，定位精度较高。两件连冲，可以减少弯曲回弹，改善冲压性能，生产率也高。因为 $2 \times \phi 3.5 \text{mm}$ 凹模孔孔距太近，会影响凹模壁厚强度，模具设计者有意将两孔安排在前后不同位置上进行错位冲压，从而增强了凹模壁厚，提高了模具使用寿命，依靠卸料板 5 在冲裁时的压料作用，提高了制件的平整性，在回程时又起卸料作用。此模具既克服了单工序模生产率低、操作不安全的弊病，又解决了凸凹模强度差的的缺陷。

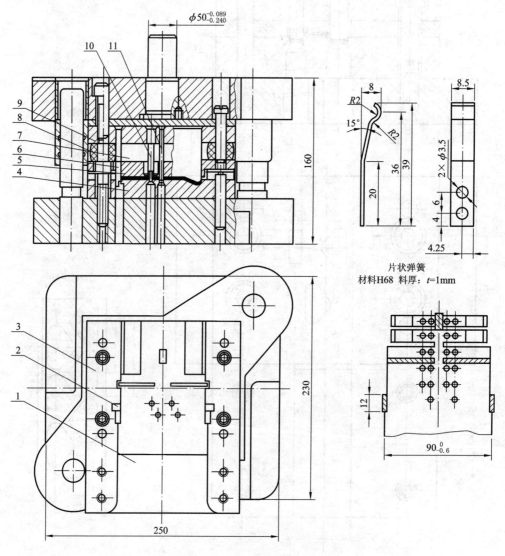

片状弹簧
材料H68 料厚：t=1mm

图 5 – 4 侧刃定距的级进模

1—承料板； 2—侧刃挡块； 3—导料板； 4—凹模； 5—卸料板； 6—侧刃； 7—切口凸模；
8—橡胶； 9—凸模固定板； 10—冲孔凸模； 11—切断凸模； 12—压弯凸模

2.用导正销定距的级进模

图 5 - 5 所示是用导销定距的冲孔落料级进模。冲孔凸模 3 与落料凸模 4 之间的距离就

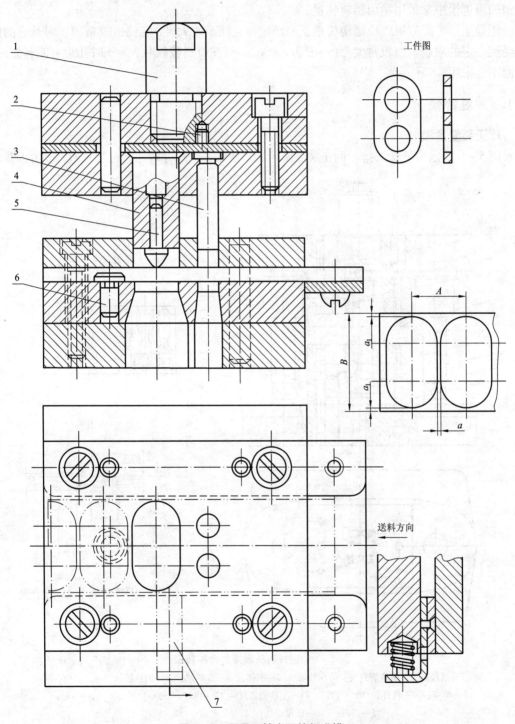

工件图

送料方向

图 5 - 5　用导正销定距的级进模

1—模柄；　2—螺钉；　3—冲孔凸模；　4—落料凸模；　5—导正销；　6—固定挡料销；　7—始用挡料销

是送料步距 A。材料送进时由固定挡销 6 进行初定位，由导正销 5 进行精定位。导正销与落料凸模的配合为 H7/r6，它与已冲孔的配合应略有间隙。为了保证首件的正确定距，在带导正销的级进模中常采用始用挡料装置。

用导正销定距的级进模结构简单。当两定位孔间距较大时，定位也较精确。但是它的使用受到一定的限制。当板料太薄（一般为 $t < 0.3$ mm）或材料较软时，导正时孔边可能有变形，因而不宜采用。

5.1.3 复合模

1. 正装复合模

图 5-6 所示为一交叉排样的正装式复合模，所冲零件尺寸较小，料厚较薄，常用正装式

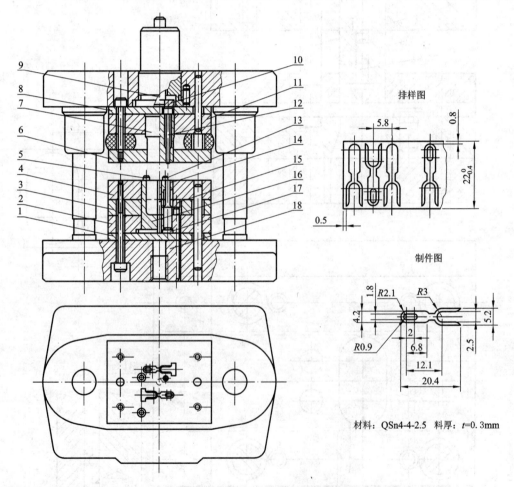

排样图

制件图

材料：QSn4-4-2.5 料厚：$t=0.3$mm

图 5-6 铜片对头直排复合冲裁模

1—垫板；2—下模固定板；3—垫板；4—凹模；5—导料销；6—卸料板；7—凸凹模；
8—垫板；9—打杆；10—打板；11—上模固定板；12—推杆；13—挡料销；14—顶板；
15—托板；16—凹模镶块；17—小凸模；18—顶杆

复合模，有利于保证其冲制精度。在排样设计时，考虑交叉排样，一次可冲制两个工件。本模具采用挡料销 13 和导料销 5 定位，采用弹性卸料装置进行卸料，凹模为镶拼结构（由件 4

和件 16 组成），工件由顶板 14 顶出，废料由推杆 12 推出。

　　正装复合模顶板兼起压料作用，因此，冲出的工件平整。凸凹模孔内不集存废料，故胀力小，不易破裂。但冲孔废料从凸凹模的孔中排在模具工作面上，影响模具周围的清洁，故影响生产率。

2. 倒装式复合模

　　图 5−7 是采用倒装结构的复合模，其凸凹模安装在模具的下模部分。冲孔的废料可从压力机的工作台孔中漏下，故模具周围清洁。当滑块到达上死点时，冲出的工件靠刚性推件装置(件 11、17)从凹模口内推出，适用于有自动接件装置的压力机。

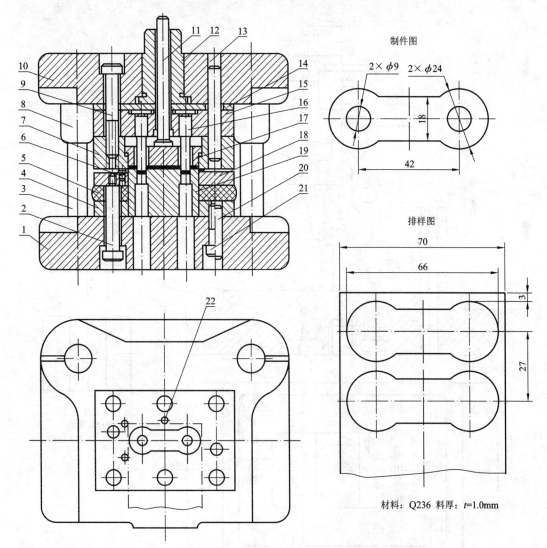

制件图

排样图

材料：Q236　料厚：*t*=1.0mm

图 5−7　落料冲孔复合模

1—下模座；　2—卸料螺钉；　3—导柱；　4—凸凹模固定板；　5—橡胶；
6—导料销；　7—落料凹模；　8—导套；　9—螺钉；　10—上模座；
11—打杆；　12—模柄；　13—销钉；　14—垫板；　15—凸模固定板；
16—凸模；　17—推件块；　18—卸料板；　19—凸凹模；　20—销钉；　21—螺钉；　22—挡料销

该类模具凸凹模若采用直刃,则易集存冲孔废料且涨力较大,易胀裂。上模的刚性推件装置使制件的平直度不高,且适合冲制厚度大于0.3mm的板料。若在上模内设置弹性元件,则可冲裁较软且料厚在0.3mm以下,平直度较高的冲裁件。

5.2　弯曲模典型结构

1. C 型件弯曲模

图5-9所示模具供C型件弯曲用。毛坯放在顶件器5上,凹模6与顶件器5在同一水

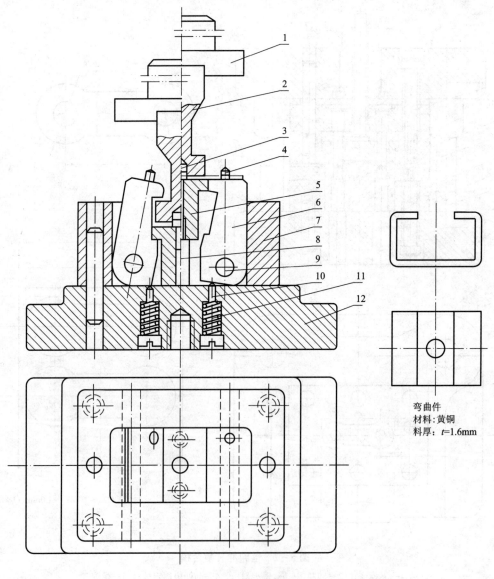

弯曲件
材料:黄铜
料厚:t=1.6mm

图 5-9　C 型件弯曲模

1—模柄; 2—凸模; 3—导正销; 4—定位销; 5—顶件器; 6—凹模;

7—模框; 8—顶杆; 9—心轴; 10—顶销; 11—弹簧; 12—下模座

平面，毛坯上的孔套在导正销 3 上，靠定位销 4 定位。冲压时，凸模 2 压紧毛坯在顶件器 5 上，在一起下降过程中，顶件器下压凹模 6 的台肩面，使其绕心轴往中间转动，把毛坯紧压在凸、凹模之间成形，压力机滑块上升时，受弹簧作用，顶销 10 将凹模顶至原位，凸模 2 连同工件一起上升，顶件器 5 由弹顶器通过顶杆 8 退至原位。从凸模 2 上取出制件。

2. 弯钩形零件弯曲模

图 5 - 10 是一副板料弯曲模，板料受凸模 7 的压力，先在两个活动凹模 9 中弯成 U 形；凹模继续下降的同时，两边斜楔 6 接触活动凹模 9，径向分力把它向中心推，它下方的 45°倒角与凹模 7 上方的相应角度完成制件的上口内弯。

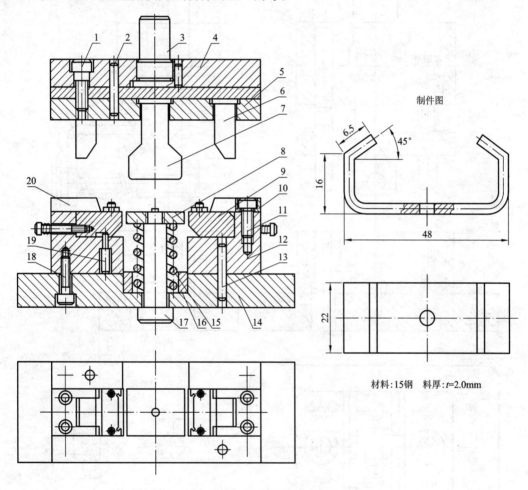

图 5 - 10 弯钩形零件弯曲模

1—螺钉； 2—圆柱销； 3—模柄； 4—上模座； 5—上固定板； 6—斜楔；
7—凸模； 8—顶料板； 9—活动凹模； 10—盖板； 11—螺钉； 12—支承板； 13—圆柱销；
14—下模座； 15—弹簧； 16—弹簧管； 17—顶杆； 18—螺钉； 19—限位销； 20—定位板

3. 图形件一次成型弯曲模

图 5 - 11 为一种圆形件一次成型弯曲模。毛坯由凹模 13 的定位槽定位，上模下行时，心轴 6 和凹模镶块 14 先将毛坯预弯成 U 形，上模继续下行，心轴 6 通过压料支架 15 压缩弹簧，

由凸模 4 将已预弯的 U 形件最后弯曲成圆形件。上模回程后，拔出心轴，沿心轴轴线方向卸下制件。

在设计该模具时，上模的四个弹簧总压力必须大于毛坯预弯时所需的弯曲力，才能卷圆成型。该弯曲模一般用于软材料和小直径的圆形件弯曲。

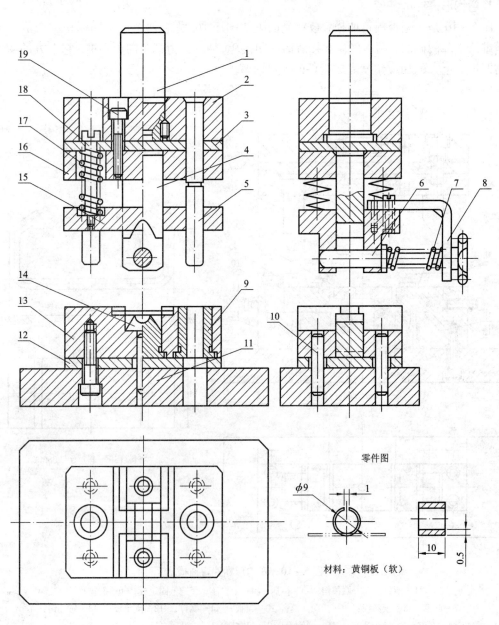

图 5-11　圆形件一次成型弯曲模

1—模柄；2—上模板；3—垫板；4—凸模；5—导柱；6—心轴；7、17—弹簧；8—支架；
9—导套；10—销钉；11—下模座；12—垫板；13—凹模；14—凹模镶块；
15—压料板；16—固定板；18、19—螺钉

零件图

材料：黄铜板（软）

4. 杠杆 Z 形弯曲模

图 5 – 12 是一付杠杆 Z 形弯曲模。工作时，先将材料送入左、右定位板 6、11 之间定位，由凸模 8、顶板 7 与镶块 12 进行右边部分弯曲，当顶板下降至模框 13 的平面时，工作的右边

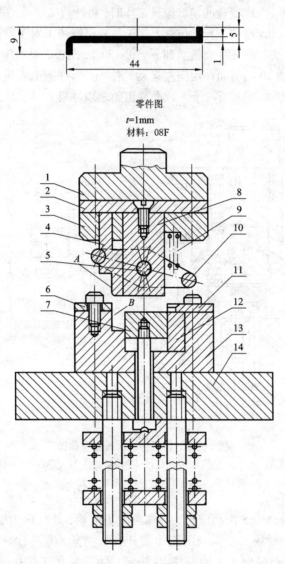

图 5 – 12　杠杆 Z 形弯曲模

1—上模座；　2—垫板；　3—固定板；　4—活动凸模；
5—轴；　6—左定位板；　7—顶板；　8—凸模；　9—弹簧；
10—杠杆；　11—右定位板；　12—镶块；　13—模框；　14—下模座

弯曲完成。接着，工件左边部分的弯曲开始，而杠杆 10 的右边圆柱体接触到右定位板 11 后，使杠杆以轴与为中心支点转动，而杠杆左边圆柱体则推动活动凸模 4 下降，由于活动凸模 4 的上部与固定板 3 为动配合，活动凸模左下降后它的 A 面与模框的 B 面靠着，防止弯曲时活动凸模受侧向力作用而外让，从而保证工件左部的顺利弯曲成型，至此，弯曲全部成型。上模上移，弹簧 9 推动杠杆 10 复位。

对于 Z 形的板弯件，如采用其他形式的模具结构，一般都比较繁琐，制造也相应复杂。

本模采用杠杆原理结构进行弯曲，杠杆10与轴5连接在凸模件8上，轴与凸模紧配，而轴与杠杆为动配合。结构和操作都很简单，最适合板料厚度 $t < 1.5\text{mm}$ 的薄件弯曲。

5. 纵横向一次成型弯曲模

图5-13为纵横向一次成型弯曲模。模具工作时，将冲裁工序件的两缺口套住顶件板14上的两定位块之间定位。冲床滑块下行，凸模5首先和凹模嵌块1对工件进行纵向弯曲加工，将工件压成"┗"形。在顶块1的下平面接触到下垫板13时，凸模5就压缩弹顶器9往上运动，凸模内的滑块12由于斜块10的斜面作用向左运动，对"┗"形件的侧面进行横向弯曲加工，将原来直边压成U形。回程时，凸模5上行，成品件也随之顶件板14从凹模3中顶出。

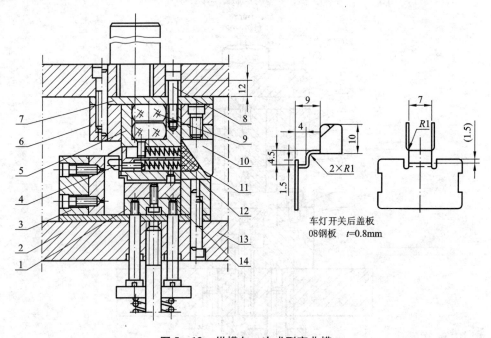

图5-13　纵横向一次成型弯曲模

1—凹顶块；　2—下模座；　3—凹模；　4—压料钉；　5—凸模；　6—凸模框；
7—上垫板；　8—螺钉；　9—弹顶器；　10—斜块；　11—弹簧；　12—滑块；　13—下垫板；　14—顶件板

该模具结构特点是凸模5由凸模框6导向可上下活动，其行程由螺钉8控制。凸模5内装有一个可横向活动的滑块12，滑块的工作端开有一个宽8.6mm的槽，作为横向弯曲时的凹模，滑块行程由装在凸模框6上的斜块10决定。为了防止工作在成形后由于滑块后移而产生变形，滑块上还装有一个压料钉4。凹模3为镶嵌结构，凹模嵌块1既是纵向弯曲凹模，又是横向弯曲时的凸模。

在设计该模具时，选好聚胺酯橡胶块作凸模内的弹顶器很重要，要使模具按先纵后横的顺序动作，弹听器9的弹力必须大于零件进行纵向弯曲时的弯曲力和顶件力；凸模上橡胶容孔的容积应大于所用橡胶（包括隔板）的体积，否则工作时橡胶会夹在凸模与上垫板之间，影响横向弯曲工作行程和损坏橡胶。

6. 摆动式U形弯曲模

图5-14为摆动式弯曲模，适用于形零件一次成形。由于弯曲过程中，无顶压定位作用，因此上凸模装有导正销，以保证冲件对称性。

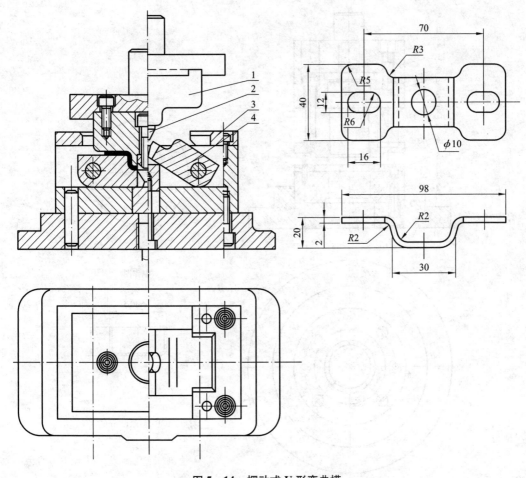

图 5 – 14　摆动式 U 形弯曲模

1—凸模；　2—导正销；　3—定位板；　4—摆动凹模

5.3　拉深模典型结构

1. 筒形件拉深模

图 5 – 15 是一副简单的拉深成型模，毛坯由定位板 5 定位，上模下行，在压边圈 6 的作用下，由凸模 8 和凹模 3 将毛坯拉深成型，最后制件由凹模 3 刮下坠落。

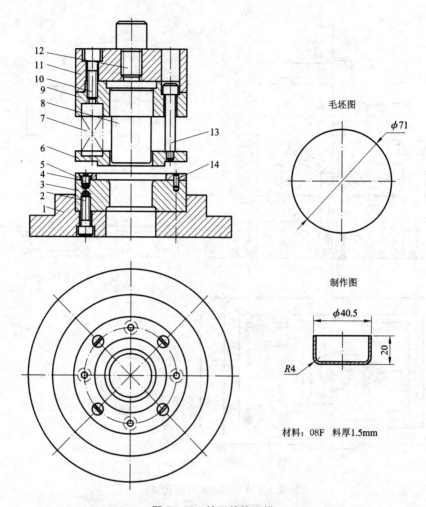

毛坯图

$\phi 71$

制作图

$\phi 40.5$

20

R4

材料：08F 料厚1.5mm

图 5 – 15 筒形件拉深模

1—下模座； 2—螺钉； 3—凹模； 4—螺钉； 5—定位板； 6—压边圈；

7—弹簧； 8—凸模； 9—凸模固定板； 10—螺钉； 11—上模座； 12—模柄； 13—卸料螺钉； 14—销钉

2.反拉深模

图 5 – 16 所示是一付后续各工序拉深模，也是带导柱的反拉深模，反向拉深模是指制件在拉深时，凸模从毛坯的底部反向压下，并使毛坯表面翻转，使其内表面变成外表面的一种拉深模。工作时先将半成品(见毛坯图)置于凹模 2 孔内定位，再由凸凹模 3 将坯件压紧，然后凸模 1 进入凸凹模 3 孔内，将制件作反向拉伸、成形。制件由打杆 4、推板 5 从凸凹模 3 中打下。

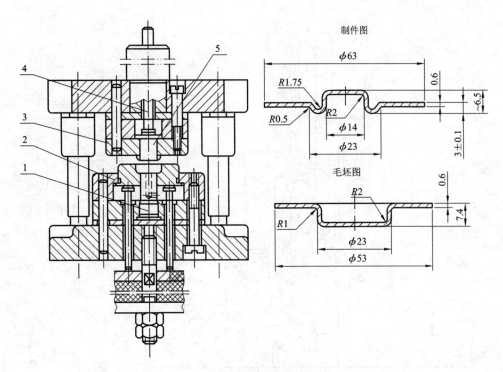

图 5 – 16 反拉深模

1—凸模；2—凹模；3—凸凹模；4—打杆；5—推板

反向拉深是很经济的加工方法，且制件质量也很好。多数用于首次拉深后的多次拉深，拉深出来的制件不易起皱。

3. 落料与正反拉深模

图 5 – 17 是一付落料与正反拉深模。件 1 为第二次拉伸（反拉深）凸模；件 2 为落料凸模和第一次拉深凹模；件 3 为第一次拉深凸模和第二次反拉深凹模。件 4 为落料凹模。落料后，在压边圈的弹性压边作用下，开始第一次拉深。第二次拉深则没有压边作用。上模采用刚性推出，下模直接用弹簧顶件，条料由固定卸料板斜下。

该模具在冲床的一次行程内先落料，再正向拉深，然后反向拉深，并能拉深出较大高度的工件。生产效率高。模具结构紧凑。

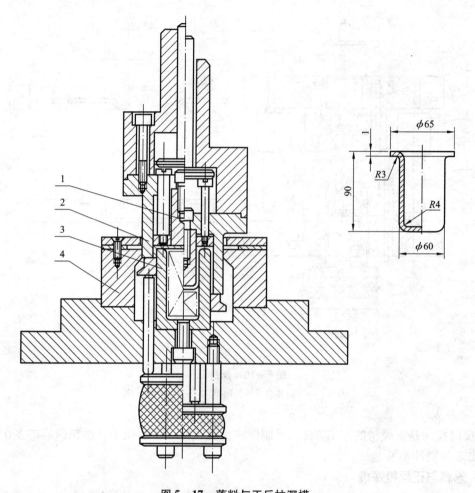

图 5 – 17   落料与正反拉深模

1—拉深凸模；   2—凸凹模；   3—凸凹模；   4—落料凹模

4. 双动拉深模

图 5 – 18 是一付安装在双动压力机上的拉深模具，压边圈 3 安装在压力机的外滑块上，凸模固定座 1 安装在压力机的内滑块上。当压力机滑块下行时，压料圈 3 首先将毛坯压紧在凹模 8 上，然后凸模 4 将毛坯拉深成型。当压力机滑块上行时，内滑块先上行，凸模 4 从制件内推出，然后外滑块上行，压料圈离开凹模 8，顶出器 7 在弹簧 9 的作用下将拉深件托起，以便取出。

为有利于毛坯拉深成型，以及从凸模 4 和凹模 8 内退出拉伸件，在凸模和凹模上都设有出气孔。压料圈 3 和凹模 8 用导柱 6 和导套 5 导向，凸模 4 和压料圈 3 用导板 2 导向，压边圈上镶有一圈压料筋 10。凸模、凹模、压料圈和顶出器均用合金铸铁并淬火。

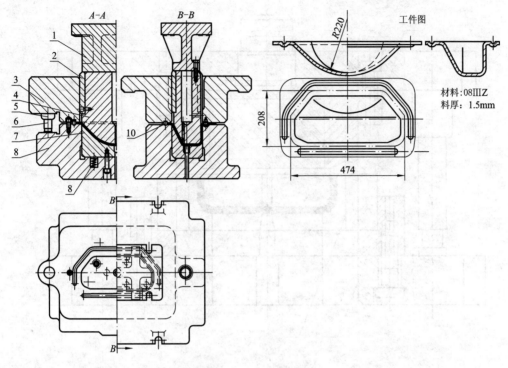

图 5 - 18 双动拉深模

1—固定座； 2—导板； 3—压料圈； 4—凸模； 5—导套；
6—导柱； 7—顶出器； 8—凹模； 9—弹簧； 10—压料筋

5.4 其他模具典型结构

1. 剖切模

图 5 - 19 是一套将拉深件切成所需工件的剖切模。剖切时要对拉深件的底部、侧壁分离（既对水平、垂直两个方向的材料分离），但凸模只作上、下往复运动，这样凸模刃口要有一定形状，才能使材料逐渐分离时工作不致变形。

凹模采用镶拼结构，制造简单。

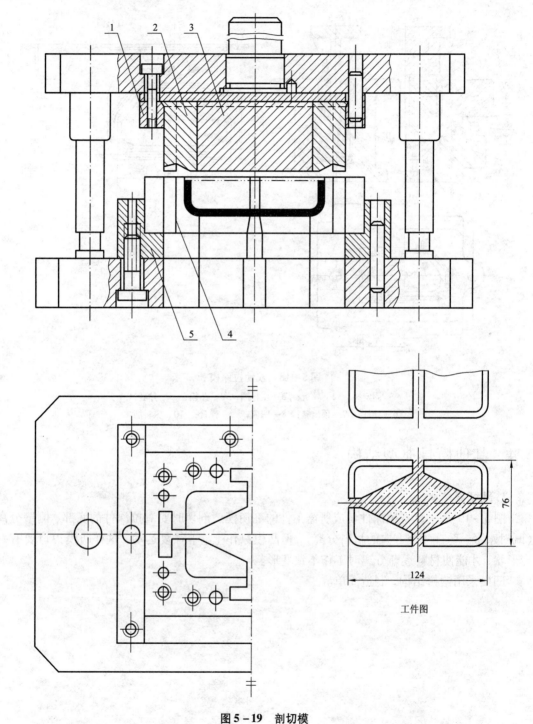

图 5 - 19 剖切模

1—凸模固定板； 2—凸模 *A*； 3—凸模 *B*； 4—凹模； 5—凹模固定板

2. 外缘整修模

图 5 - 20 是一副采用负间隙整修的模具，刮料板既起卸料作用又起毛坯的定位作用，故其下端面离凹模刃面应小于料厚(约取 0.8*t*)，以保证毛坯定位，而且又能排屑。废屑需要用

压缩空气吹掉。由于凸模刃口大于凹模刃口，故需有两个限位柱，以防凹、凸模啃伤。

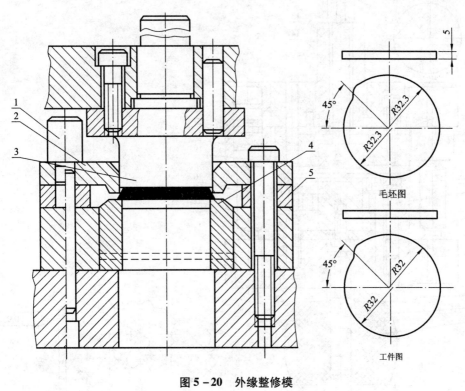

图5－20　外缘整修模

1—限位柱；　2—刮料板；　3—凸模；　4—凹模；　5—垫块

3. 光洁冲裁模

图5－21是一付小间隙圆角刃口的光洁冲裁模。其冲裁的实质就是冲裁挤光的过程。冲裁间隙取0.01～0.02mm，刃口圆角为10%t，落料时，凹模做成圆角刃口，凸模做尖角刃口或小圆角刃口，冲孔则相反。

该类模具主要用于冲裁断面质量要求较高的小件冲裁。要求凹模要具有较高的硬度；冲裁过程中要加强润滑，以防出现粘模现象。

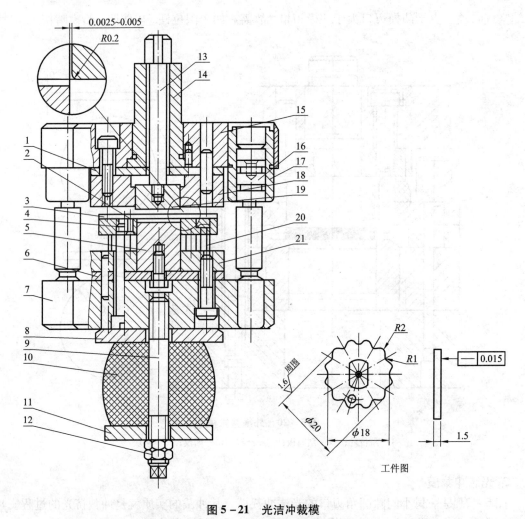

图 5 – 21　光洁冲裁模

1—上垫板；　2—定位钉；　3—卸料板；　4—卸料螺钉；　5—凸模；　6—下垫板；　7—下模座；
8、11—夹板；　12—螺母；　13—打料杆；　14—模柄；　15—上模座；　16—导柱；
17—导套；　18—凹模；　19—卸料板；　20—限位柱；　21—固定板

4. 聚胺酯橡胶复合冲裁模

图 5 – 22 是一副典型的聚胺酯橡胶复合冲裁模。这是一种半钢结构的模具，可冲制 0.2mm 以下的金属和非金属薄膜。其优点是结构简单，生产周期短，成本低，加工的精度易保证，模具使用过程中易维修。但冲裁时需要较大的冲裁力，冲裁时搭边较大，生产率不高。

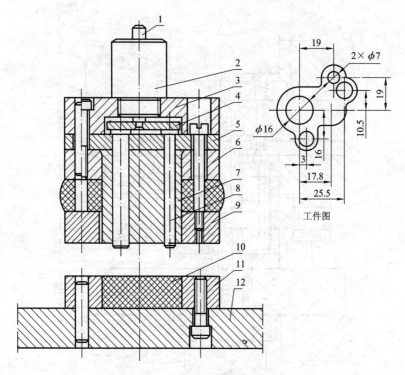

工件图

图 5 – 22   聚胺酯橡胶复合冲裁模

1—打杆；   2—模柄；   3—上模座；   4—打板；   5—垫板；   6—固定板；   7—凸凹模；
8—推杆；   9—弹压板；   10—聚胺脂橡胶；   11—凹模容框；   12—下模座

5. 固定凸模式精冲模

图 5 – 23 为固定凸模式精冲模。该模与顺装复合模相似。落料凹模 14、冲孔凸模 15 固定在下模。凸凹模 10 固定在上模板 5 上，齿圈压板 11 用螺钉固定在中模板 9 上。工作时模板随上模一起运动，由柱塞 1 通过推杆 3 和 4 使齿圈压板 11 产生压边力和使推杆 7 产生冲孔时的顶料力，由柱塞 22 通过顶杆 21、18 使垫板 16 产生顶料力。压紧材料后，上模再下压，凸凹模伸出齿圈压板对工件进行精冲。

这种模具刚性好，由于模具装在专用精冲压力机上，上模座和下模座均受承力环支持，通过推杆、顶杆传递辅助压力，故受力平稳。

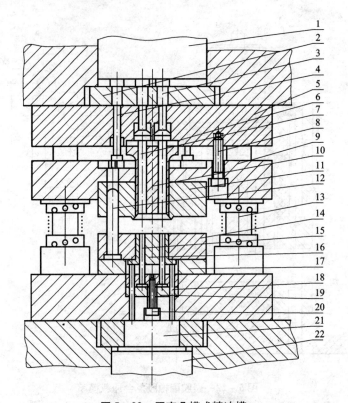

1
2
3
4
5
6
7
8
9
10
11
12
13
14
15
16
17
18
19
20
21
22

图 5 − 23　固定凸模式精冲模

1、22—柱塞；　2—固定板；　3、4、7—推杆；　5—上模板；　6、16、19—垫板；

8—螺钉；　9—中垫板；　10—凸凹模；　11—齿圈压板；

12—小导柱；　13—导柱；　14—落料凹模；　15—冲孔凸模；　17—下模板；　18、21—顶杆；　20—螺钉

第6章　冲模设计一般资料

6.1　冲裁模设计资料

表 6-1-1　冲裁模初始双面间隙 Z　　　　mm

材料厚度	软铝		纯铜、黄铜、软钢 $w_c^{①} = (0.08-0.2)\%$		杜拉铝、中等硬钢 $w_c = (0.3\sim0.4)\%$		硬　钢 $w_c = (0.5\sim0.6\%)$	
	Z_{min}	Z_{max}	Z_{min}	Z_{max}	Z_{min}	Z_{max}	Z_{min}	Z_{max}
0.2	0.008	0.012	0.010	0.014	0.012	0.016	0.014	0.018
0.3	0.012	0.18	0.015	0.021	0.018	0.024	0.021	0.27
0.4	0.016	0.024	0.020	0.028	0.024	0.032	0.028	0.036
0.5	0.020	0.030	0.025	0.035	0.030	0.040	0.035	0.045
0.6	0.024	0.036	0.030	0.042	0.036	0.048	0.042	0.054
0.7	0.028	0.042	0.035	0.049	0.042	0.056	0.049	0.063
0.8	0.032	0.048	0.040	0.056	0.048	0.064	0.056	0.072
0.9	0.036	0.054	0.045	0.063	0.054	0.072	0.063	0.081
1.0	0.040	0.060	0.050	0.070	0.060	0.080	0.070	0.090
1.2	0.050	0.084	0.072	0.096	0.084	0.108	0.096	0.120
1.5	0.075	0.105	0.090	0.120	0.105	0.135	0.120	0.150
1.8	0.090	0.126	0.108	0.144	0.126	0.162	0.144	0.180
2.0	0.100	0.140	0.120	0.160	0.140	0.180	0.160	0.200
2.2	0.132	0.176	0.154	0.198	0.176	0.220	0.198	0.242
2.5	0.150	0.200	0.175	0.225	0.200	0.250	0.225	0.275
2.8	0.168	0.224	0.196	0.252	0.224	0.280	0.252	0.308
3.0	0.180	0.240	0.210	0.270	0.240	0.300	0.270	0.330
3.5	0.245	0.315	0.280	0.350	0.315	0.385	0.350	0.420
4.0	0.280	0.360	0.320	0.400	0.360	0.440	0.400	0.480
4.5	0.315	0.405	0.360	0.450	0.405	0.490	0.450	0.540
5.0	0.350	0.450	0.400	0.500	0.450	0.550	0.500	0.600
6.0	0.480	0.600	0.540	0.660	0.600	0.720	0.660	0.780

材料厚度	软铝		纯铜、黄铜、软钢 $w_c^{①} = (0.08 - 0.2)\%$		杜拉铝、中等硬钢 $w_c = (0.3 \sim 0.4)\%$		硬　钢 $w_c = (0.5 \sim 0.6\%)$	
	Z_{min}	Z_{max}	Z_{min}	Z_{max}	Z_{min}	Z_{max}	Z_{min}	Z_{max}
7.0	0.560	0.700	0.630	0.770	0.700	0.840	0.770	0.910
8.0	0.72	0.880	0.800	0.960	0.880	1.040	0.960	1.120
9.0	0.870	0.990	0.900	1.080	0.990	1.170	1.080	1.260
10.0	0.900	1.100	1.000	1.200	1.100	1.300	1.200	1.400

注:1. 初始间隙的最小值相当于间隙的公称数值。

2. 初始间隙的最大值是考虑到凸模和凹模的制造公差所增加的数值。

3. 在使用过程中,由于模具工作部分的磨损,间隙将有所增加,因而间隙的使用最大数值要超过表列数值。

①w_c 为碳的质量分数,用其表示钢中的含碳量。

表 6 – 1 – 2　冲裁模初始双面间隙 Z　　　　　mm

材料厚度 t	08.10.35.09Mn2.Q235		16Mn		40.50		65Mn	
	Z_{min}	Z_{max}	Z_{min}	Z_{max}	Z_{min}	Z_{max}	Z_{min}	Z_{max}
小于 0.5	极 小 间 隙							
0.5	0.40	0.060	0.040	0.060	0.040	0.060	0.040	0.060
0.6	0.048	0.072	0.048	0.072	0.048	0.072	0.048	0.072
0.7	0.061	0.092	0.064	0.092	0.064	0.092	0.061	0.092
0.8	0.072	0.104	0.072	0.104	0.072	0.104	0.061	0.092
0.9	0.090	0.126	0.090	0.126	0.090	0.126	0.090	0.126
1.0	0.100	0.140	0.100	0.140	0.100	0.140	0.090	0.126
1.2	0.126	0.180	0.132	0.180	0.132	0.180		
1.5	0.132	0.240	0.170	0.240	0.170	0.240		
1.75	0.220	0.320	0.220	0.320	0.220	0.320		
2.0	0.246	0.360	0.260	0.380	0.260	0.380		
2.1	0.260	0.380	0.280	0.400	0.280	0.400		
2.5	0.360	0.500	0.380	0.540	0.380	0.540		
2.75	0.400	0.560	0.420	0.600	0.420	0.600		
3.0	0.460	0.640	0.480	0.660	0.480	0.660		
3.5	0.540	0.740	0.580	0.780	0.580	0.780		
4.0	0.640	0.880	0.680	0.920	0.680	0.920		
4.5	0.720	1.000	0.680	0.960	0.780	1.040		
5.5	0.940	1.280	0.780	1.100	0.980	1.320		
6.00	1.080	1.440	0.840	1.200	1.140	1.500		
6.5			0.940	1.300				
8.0			1.200	1.680				

注:冲裁皮革、石棉和纸板时,间隙取 08 钢的 25% 。

表 6 − 1 − 3　凸凹模制造偏差

基本尺寸	凸模偏差 δ_T	凹模偏差 δ_A	基本尺寸	凸模偏差 δ_A	凹模偏差 δ_A
≤18	0.020	0.020	>180 ~ 260	0.030	0.045
>18 ~ 30	0.020	0.025	>260 ~ 360	0.035	0.050
>30 ~ 80	0.020	0.030	>360 ~ 500	0.040	0.060
>80 ~ 120	0.025	0.035	>500	0.050	0.070
>120 ~ 180	0.030	0.040			

表 6 − 1 − 4　*x* 系数表

料厚 t/mm	非圆形冲件			圆形冲件	
	1	0.75	0.5	0.75	0.5
	冲件公差 Δ/mm				
1	<0.16	0.17 ~ 0.35	≥0.36	<0.16	≥0.16
1 ~ 2	<0.20	0.21 ~ 0.41	≥0.42	<0.20	≥0.20
2 ~ 4	<0.24	0.25 ~ 0.49	≥0.50	<0.24	≥0.24
>4	<0.30	0.31 ~ 0.59	≥0.60	<0.30	≥0.30

表 6 − 1 − 5　冲裁件最小圆角半径

工序	连接角度	黄铜、纯铜、铝	软钢	合金钢
落料	≥90°	0.18t	0.25t	0.35t
	<90°	0.35t	0.50t	0.70t
冲孔	≥90°	0.20t	0.30t	0.45t
	<90°	0.40t	0.60t	0.90t

注：t 为材料厚度（mm），当时 $t<1$mm，均以 $t=1$mm 计算。

表 6 − 1 − 6　悬臂和凹槽的最小宽度 *B*

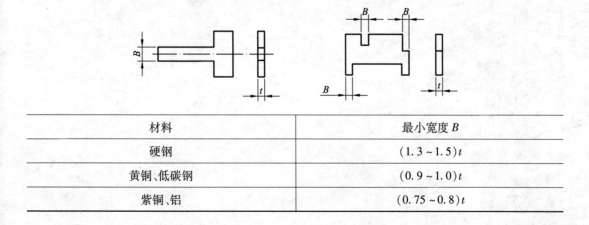

材料	最小宽度 B
硬钢	$(1.3 ~ 1.5)t$
黄铜、低碳钢	$(0.9 ~ 1.0)t$
紫铜、铝	$(0.75 ~ 0.8)t$

表 6 - 1 - 7　冲孔的最小尺寸

材料	自由凸模冲孔		精密导向凸模冲孔	
	圆形	矩形	圆形	矩形
硬钢	1.3t	1.0t	0.5t	0.4t
软钢及黄铜	1.0t	0.7t	0.35t	0.3t
铝	0.8t	0.5t	0.3t	0.28t
酚醛层压而(纸)板	0.4t	0.35t	0.3t	0.25t

注：t 为材料厚度(mm)。

表 6 - 1 - 8　最小孔边距、孔间距

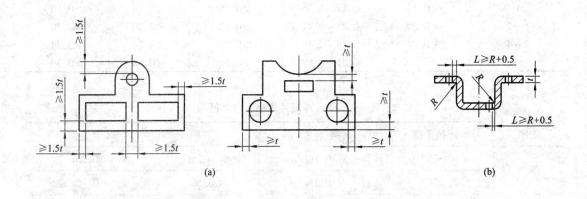

(a)　　　　　　　　　　　　　　　　(b)

表6-1-9 搭边的参考值

料厚 t	圆形或圆角 r>2t 的工作		矩形件边长 l≤50mm		矩形件边长 l>50mm 或圆角 r≤2t	
	工件间 a₁	侧边 a	工件间 a₁	侧边 a	工件间 a₁	侧边 a
0.25 以下	1.8	2.0	2.2	2.5	2.8	3.0
0.25~0.5	1.2	1.5	1.8	2.0	2.2	2.5
0.5~0.8	1.0	1.2	1.5	1.8	1.8	2.0
0.8~1.2	0.8	1.0	1.2	1.5	1.5	1.8
1.2~1.6	1.0	1.2	1.5	1.8	1.8	2.0
1.6~2.0	1.2	1.5	1.8	2.5	2.0	2.2
2.0~2.5	1.5	1.8	2.0	2.2	2.2	2.5
2.5~3.0	1.8	2.2	2.2	2.5	2.5	2.8
3.0~3.5	2.2	2.5	2.5	2.8	2.8	3.2
3.5~4.0	2.5	2.8	2.5	3.2	3.2	3.5
4.0~5.0	3.0	3.5	3.5	4.0	4.0	4.5
5.0~12	0.6t	0.7t	0.7t	0.8t	0.8t	0.9t

注：表列搭边值适用于低碳钢，对于其它材料，应将表中数值乘以下列系数：

中等硬度钢 0.9	软黄铜 0.8	纯铜 1.2	
硬 钢 0.8	铝 1~1.1	1.3~1.4	
硬黄铜 1~1.1	非金属 1~1.2	1.5~2	
硬铝 1~1.2			

表 6 – 1 – 10　条料宽度及导料板间距计算公式　　　　mm

模具结构	条料宽度	侧面导板距离
有侧压	$B^0_{-\Delta} = (D_{max} + 2a)^0_{-\Delta}$	$A = B + Z = D_{max} + 2a + Z$
无侧压	$B^0_{-\Delta} = (D_{max} + 2a + Z)^0_{-\Delta}$	$A = B + Z = D_{max} + 2a + 2Z$
有侧刃	$B^0_{-\Delta} = (L_{max} + 1.5a + nb_1)^0_{-\Delta}$	$A = B + Z = L_{max} + 1.5a + nb_1 + Z$

注：D_{max}、L_{max}——条料宽度方向冲裁件的最大尺寸；a——侧搭边值；Δ——条料宽度偏差，见表 6 – 1 – 11，Z——导料板与最宽条料之间的间隙，其最小值见表 6 – 1 – 13，n——侧刃数，b_1——侧刃冲切的料边宽度，见表 6 – 1 – 12，y——冲切后的条料与导料板间的间隙，见表 6 – 1 – 12。

表 6 – 1 – 11　条料宽度偏差　　　　mm

条料宽度 B	材料厚度				条料宽度 B	材料厚度 t		
	~1	1 ~ 2	2 ~ 3	3 ~ 5		~ 0.5	> 0.5 ~ 1	> 1 ~ 2
~ 50	0.4	0.5	0.7	0.9	~ 20	0.05	0.08	0.10
50 ~ 100	0.5	0.6	0.8	1.0				
100 ~ 150	0.6	0.7	0.9	1.1	> 20 ~ 30	0.08	0.10	0.15
150 ~ 220	0.7	0.8	1.0	1.2				
220 ~ 300	0.8	0.9	1.1	1.3	> 30 ~ 50	0.10	0.15	0.20

表 6 – 1 – 12　b_1、y 的值　　　　mm

条料厚度 t	b_1		y
	金属材料	非金属材料	
~ 1.5	1.5	2	0.10
> 1.5 ~ 2.5	2.0	3	0.15
> 2.5 ~ 3	2.5	4	0.20

表 6 – 1 – 13　导料板与条料之间的最小间隙　　　　mm

材料厚度 t	无侧压装置			有侧压装置	
	条料宽度 B			条料宽度 B	
	100 以下	100 ~ 200	200 ~ 300	100 以下	100 以上
~ 0.5	0.5	0.5	1	5	8
0.5 ~ 1	0.5	0.5	1	5	8
1 ~ 2	0.5	1	1	5	8
2 ~ 3	0.5	1	1	5	8
3 ~ 4	0.5	1	1	5	8
4 ~ 5	0.5	1	1	5	8

表 6－1－14　卸料力、推件力及顶件力的系数

冲件材料		K_X	K_T	K_D
纯铜、黄铜		0.02～0.06	0.03～0.09	0.03～0.09
铝、铝合金		0.025～0.08	0.03～0.07	0.03～0.07
钢（料厚 t/mm）	～0.1	0.065～0.075	0.1	0.11
	＞0.1～0.5	0.045～0.055	0.063	0.08
	＞0.5～2.5	0.04～0.05	0.055	0.06
	＞2.5～6.5	0.03～0.04	0.045	0.05
	＞6.5	0.02～0.03	0.025	0.03

表 6－1－15　凹模刃壁至螺孔之间的距离　　　　mm

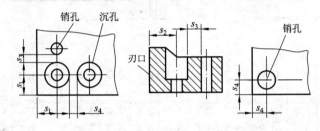

螺钉孔		M4	M6	M8	M10	M12	M16	M20	M24
s_1	淬　火	8	10	12	14	16	20	25	30
	不淬火	6.5	8	10	11	13	16	20	25
s_2	淬　火	7	12	14	17	19	24	28	35
s_3	淬　火	5							
	不淬火	3							
销钉孔 d		2	3	4	5	6	8	10	12	16	20	25
s_4	淬　火	5	6	7	8	9	11	12	15	16	20	25
	不淬火	3	3.5	4	5	6	7	8	10	13	16	20

表 6－1－16　凹模壁厚　　　　mm

条料宽度/mm	冲件材料厚度 t/mm			
	≤0.8	＞0.8～1.5	＞1.5～3	＞3～5
≤40	20～25	22～28	24～32	28～36
＞40～50	22～28	24～32	28～36	30～40
＞50～70	28～36	30～40	32～42	35～45
＞70～90	32～42	35～45	38～48	40～52
＞90～120	35～45	40～52	42～54	45～58
＞120～150	40～50	42～54	45～58	48～62

注：1. 冲件料薄时取表中较小值，反之取较大值。
　　2. 型孔为圆弧时取小值，为直边时取中值，为尖角时取大值。

表 6 - 1 - 17   凹模刃口周边长度修正系数

刃口长度/mm	< 50	50 ~ 75	75 ~ 150	150 ~ 300	300 ~ 00	> 500
修正系数 K_2	1	1. 12	1. 25	1. 37	1. 5	1. 6

表 6 - 1 - 18   倒装式复合模的最小壁厚 δ

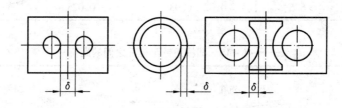

材料厚度 t/mm	0. 1	0. 15	0. 2	0. 4	0. 5	0. 6	0. 7	0. 8	0. 9	1. 0	1. 2	1. 4	1. 5	1. 6
最小壁厚 δ/mm	0. 8	1. 0	1. 2	1. 4	1. 6	1. 8	2. 0	2. 3	2. 5	2. 7	3. 2	3. 6	3. 8	4
材料厚度 t/mm	1. 8	2. 0	2. 2	2. 4	2. 6	2. 8	3. 0	3. 2	3. 4	3. 6	4. 0	4. 5	5. 0	5. 5
最小壁厚 δ/mm	4. 4	4. 9	5. 2	5. 6	6. 0	6. 4	6. 7	7. 1	7. 4	7. 7	8. 5	9. 3	10	12

表 6 - 1 - 19   定位板和定位销的高度

材料厚度 t/mm	< 1	1 ~ 3	> 3 ~ 5
高度(厚度)h/mm	$t + 2$	$t + 1$	t

表 6 - 1 - 20   导正销圆柱段的高度 h_1

材料厚度 t/mm	冲裁件孔尺寸 d/mm		
	1. 5 ~ 10	> 10 ~ 25	> 25 ~ 50
1. 5 以下	1	1. 2	1. 5
1. 5 ~ 3	$0.6t$	$0.8t$	t
3 ~ 5	$0.5t$	$0.6t$	$0.8t$

表 6 - 1 - 21   弹压卸料与凸模间隙值

材料厚度 t/mm	< 0. 5	0. 5 ~ 1	> 1
单边间隙 Z/mm	0. 05	0. 1	0. 15

表6-1-22 导料板厚度 mm

简图	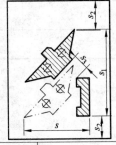		

（简图中标注：卸料板、挡析销、导料板、t、h、H）

材料厚度 t	挡料销高度 h	导料板厚度 H	
		固定挡料销	自动挡料销或侧刃
0.3~2	3	6~8	4~8
2~3	4	8~10	6~8
3~4	4	10~12	8~10
4~6	5	12~15	8~10
6~10	8	15~25	10~15

表6-1-23 凹模厚度系数 k μm

s	材料厚度 t		
	≤1	>1~3	>3~6
≤50	0.30~0.40	0.35~0.50	0.45~0.60
>50~100	0.20~0.30	0.22~0.35	0.30~0.45
>100~200	0.15~0.20	0.18~0.22	0.22~0.30
>200	0.10~0.15	0.12~0.18	0.15~0.22

表6-1-24 凹模孔壁至边缘距离 mm

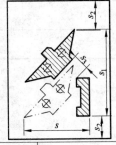 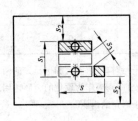 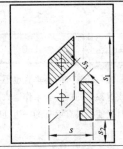

材料宽度 B	材料厚度 t			
	≤0.8	>0.8~1.5	>1.5~3.0	>3.0~5.0
≤40	20	22	28	32
>40~50	22	25	30	35
>50~70	28	30	36	40
>70~90	34	36	42	46
>90~120	38	42	48	52
>120~150	40	45	52	55

注:1. s_2 的公差视凹模型孔复杂程度而定，一般不超过 ±8mm。

2. s_3 一般不小于5mm，但冲裁板料厚度 $t<0.5$mm 上的小孔，壁厚可以适当减小。

6.2　弯曲模设计资料

表 6 – 2 – 1　最小相对弯曲半径 r_{min}/t

材料	退火状态		冷作硬化状态	
	弯曲线方向			
	垂直纤维方向	平行纤维方向	垂直纤维方向	平行纤维方向
08、10、Q195、Q215	0.1	0.4	0.4	0.8
15、20、Q235	0.1	0.5	0.5	1.0
25、30、Q255	0.2	0.6	0.6	1.2
35、40、Q275	0.3	0.8	0.8	1.5
45、50	0.5	1.0	1.0	1.7
55、60	0.7	1.3	1.3	2.0
铝	0.1	0.35	0.5	1.0
纯铜	0.1	0.35	1.0	2.0
软黄铜	0.1	0.35	0.35	0.8
半硬黄铜	0.1	0.35	0.5	1.2
紫铜	0.1	0.35	1.0	2.0
磷铜	—	—	1.0	3.0
1Cr18Ni9Ti	1.0	2.0	3.0	4.0

注：1. 当弯曲线与纤维方向不垂直也不平行时，可取垂直和平行方向两者的中间值。

2. 冲裁或剪裁后的板料若未作退火处理，则应作为硬化的金属选用。

3. 弯曲时应使板料有毛刺的一边处于弯角的内侧。

表 6 - 2 - 2　单角自由弯曲 90°时的平均回弹角 Δφ90°

材料	r/t	材料厚度 t/mm		
		< 0.8	0.8 ~ 2	> 2
软钢 σ_b = 350MPa	< 1	4°	2°	0°
黄铜 σ_b = 350MPa	1 ~ 5	5°	3°	1°
铝和锌	> 5	6°	4°	2°
中硬钢 σ_b = 400 ~ 500MPa	< 1	5°	2°	0°
硬黄铜 σ_b = 350 ~ 400MPa	1 ~ 5	6°	3°	1°
硬黄铜	> 5	8°	5°	3°
硬钢 σ_b = 350MPa	< 1	7°	4°	2°
	1 ~ 5	9°	5°	3°
	> 5	12°	7°	6°
硬铝 LF12	< 2	2°	3°	4°30′
	2 ~ 5	4°	6°	8°30′
	> 5	6°30′	10°	14°

表 6 - 2 - 3　校正弯曲时的回弹值 Δφ校

材料	弯曲角			
	30°	60°	90°	120°
08、10、Q195	$\Delta\phi = 0.75r/t - 0.39$	$\Delta\phi = 0.58r/t - 0.80$	$\Delta\phi = 0.43r/t - 0.61$	$\Delta\phi = 0.36r/t - 1.26$
15、20、Q235	$\Delta\phi = 0.69r/t - 0.23$	$\Delta\phi = 0.64r/t - 0.65$	$\Delta\phi = 0.434r/t - 0.36$	$\Delta\phi = 0.37r/t - 0.58$
25、30、Q255	$\Delta\phi = 1.59r/t - 1.03$	$\Delta\phi = 0.95r/t - 0.94$	$\Delta\phi = 0.78r/t - 0.79$	$\Delta\phi = 0.46r/t - 1.36$
35、Q275	$\Delta\phi = 1.51r/t - 1.48$	$\Delta\phi = 0.84r/t - 0.76$	$\Delta\phi = 0.79r/t - 1.62$	$\Delta\phi = 0.51r/t - 1.71$

表 6 - 2 - 4　中性层位移系数 x

r/t	0.1	0.2	0.3	0.4	0.5	0.6	0.7	0.8	1	1.2
x	0.21	0.22	0.23	0.24	0.25	0.26	0.28	0.3	0.32	0.33
r/t	1.3	1.5	2	2.5	3	4	5	6	7	≥8
x	0.34	0.36	0.38	0.39	0.4	0.42	0.44	0.46	0.48	0.5

表 6-2-5 r/t < 0.5 的弯曲件坯料长度计算公式

简图	计算公式	简图	计算公式
	$L_z = l_1 + l_2 + 0.4t$		$L_z = l_1 + l_2 + l_3 + 0.6t$ （一次同时弯曲两个角）
	$L_z = l_1 + l_2 - 0.43t$		$L_z = l_1 + 2l_2 + 2l_3 + t$ （一次同时弯曲四个角） $L_z = l_1 + 2l_2 + 2l_3 + 1.2t$ （分为两次弯曲四个角）

表 6-2-6 单位面积校正力 p   MPa

材料	料厚 t/mm	
	~3	3~10
铝	30~40	50~60
黄铜	60~80	80~100
10~20 钢	80~100	100~120
25~35 钢	100~120	120~150

表 6-2-7 弯曲 U 型件 h_0 值   mm

材料厚度 t	≤1	1~2	2~3	3~4	4~5	5~6	6~7	7~8	8~10
h_0	3	4	5	6	8	10	15	20	25

表 6-2-8 弯曲 V 型件凹模深度 l_0 及底部最小厚度 h 值   mm

弯曲件边长 l	材料厚度 t					
	≤2		2~4		4	
	h	l_0	h	l_0	h	l_0
10~25	20	10~15	22	15	—	—
25~50	22	15~20	27	25	32	30
50~75	27	20~25	32	30	37	35
75~100	32	25~30	37	35	42	40
100~150	37	30~35	42	40	47	50

表 6 – 2 – 9　弯曲 U 型件凹模深度 l_0 值　　　　　　　　mm

弯曲件边长 l	材料厚度 t				
	< 1	1 ~ 2	2 ~ 4	4 ~ 6	6 ~ 10
< 50	15	20	25	30	35
50 ~ 75	20	25	30	35	40
75 ~ 100	25	30	35	40	40
100 ~ 150	30	35	40	50	50
150 ~ 200	40	45	55	65	65

表 6 – 2 – 10　U 型件弯曲模凸、凹模的间隙 c 值

弯曲件高度 H/mm	弯曲件宽度 B≤2H				弯曲件宽度 B>2H				
	材料厚度 t/mm								
	< 0.5	0.6 ~ 2	2.1 ~ 4	4.1 ~ 5	< 0.5	0.6 ~ 2	2.1 ~ 4	4.1 ~ 7.5	7.6 ~ 12
10	0.05	0.05	0.04	—	0.1	0.1	0.08	—	—
20	0.05	0.05	0.04	0.03	0.1	0.1	0.08	0.06	0.06
35	0.07	0.05	0.04	0.03	0.15	0.1	0.08	0.06	0.06
50	0.1	0.07	0.05	0.04	0.2	0.15	0.1	0.06	0.06
70	0.1	0.07	0.05	0.05	0.2	0.15	0.1	0.1	0.08
100	—	0.07	0.05	0.05	—	0.15	0.1	0.1	0.08
150	—	0.1	0.07	0.05	—	0.2	0.15	0.1	0.1
200	—	0.1	0.07	0.07	—	0.2	0.15	0.15	0.1

6.3　拉深模设计资料

表 6 – 3 – 1　采用或不采用压料装置的条件

拉深方法	首次拉深		以后各次拉深	
	(t/D)/%	m_1	(t/D)/%	m_n
采用压料装置	< 1.5	< 0.6	< 1.0	< 0.8
可用可不用	1.5 ~ 2.0	0.6	1.0 ~ 1.5	0.8
不用压料装置	> 2.0	> 0.6	> 1.5	> 0.8

表 6 - 3 - 2　无凸缘圆筒形拉深件的切边余量 Δh　　mm

工作高度 h	工件的相对高度 h/d				附图
	$>0.5 \sim 0.8$	$>0.8 \sim 1.6$	$>1.6 \sim 2.5$	$>2.5 \sim 4$	
$\leqslant 10$	1.0	1.2	1.5	2	
$>10 \sim 20$	1.2	1.6	2	2.5	
$>20 \sim 50$	2	2.5	3.3	4	
$>50 \sim 100$	3	3.8	5	6	
$>100 \sim 150$	4	5	6.5	8	
$>150 \sim 200$	5	6.3	8	10	
$>200 \sim 250$	6	7.5	9	11	
>250	7	8.5	10	12	

表 6 - 3 - 3　带凸缘圆筒形拉深件的切边余量 ΔR　　mm

凸缘直径 d_t	凸缘的相对直径 d_t/d				附　图
	1.5 以下	$>1.5 \sim 2$	$>2 \sim 2.5$	$>2.5 \sim 3$	
$\leqslant 25$	1.6	1.4	1.2	1.0	
$>25 \sim 50$	2.5	2.0	1.8	1.6	
$>50 \sim 100$	3.5	3.0	2.5	2.2	
$>100 \sim 150$	4.3	3.6	3.0	2.5	
$>150 \sim 200$	5.0	4.2	3.5	2.7	
$>200 \sim 250$	5.5	4.6	3.8	2.8	
>250	6	5	4	3	

表 6 - 3 - 4　常见旋转体拉深件坯料直径的计算公式

序号	零件形状	坯料直径 D
1	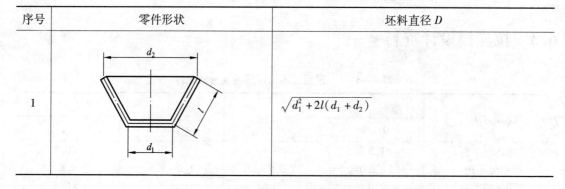	$\sqrt{d_1^2 + 2l(d_1 + d_2)}$

序号	零件形状	坯料直径 D
2		$\sqrt{d_1^2 + 2r(\pi d_1 + 4r)}$
3		$\sqrt{d_1^2 + 4d_2h + 6.28rd_1 + 8r^2}$ 或 $\sqrt{d_2^2 + 4d_2H - 1.72rd_2 - 0.56r^2}$
4		当 $r \neq R$ 时 $\sqrt{d_1^2 + 6.28rd_1 + 8r^2 + 4d_2h + 6.28Rd_2 + 4.56R^2 + d_4^2 - d_3^2}$ 当 $r = R$ 时 $\sqrt{d_4^2 + 4d_2H - 3.44rd_2}$
5		$\sqrt{8rh}$ 或 $\sqrt{s^2 + 4h^2}$

表 6 – 3 – 5 带凸缘圆筒形件首次拉深的极限相对高度 $[H_1/d_1]$

凸缘的相对直径 d_t/d	坯料相对厚度 (t/D)（%）				
	2 ~ 1.5	1.5 ~ 1.0	1.0 ~ 0.6	0.6 ~ 0.3	0.3 ~ 0.10
1.1 以下	0.90 ~ 0.75	0.82 ~ 0.65	0.57 ~ 0.70	0.62 ~ 0.50	0.52 ~ 0.45
1.3	0.80 ~ 0.65	0.72 ~ 0.56	0.60 ~ 0.50	0.53 ~ 0.45	0.47 ~ 0.40
1.5	0.70 ~ 0.58	0.63 ~ 0.50	0.53 ~ 0.45	0.48 ~ 0.40	0.42 ~ 0.35
1.8	0.58 ~ 0.48	0.53 ~ 0.42	0.44 ~ 0.37	0.39 ~ 0.34	0.35 ~ 0.29
2.0	0.51 ~ 0.42	0.46 ~ 0.36	0.38 ~ 0.32	0.34 ~ 0.29	0.30 ~ 0.25
2.2	0.45 ~ 0.35	0.40 ~ 0.31	0.33 ~ 0.27	0.29 ~ 0.25	0.26 ~ 0.22
2.5	0.35 ~ 0.28	0.32 ~ 0.25	0.27 ~ 0.22	0.23 ~ 0.20	0.21 ~ 0.17
2.8	0.27 ~ 0.22	0.24 ~ 0.19	0.21 ~ 0.17	0.18 ~ 0.15	0.16 ~ 0.13
3.0	0.22 ~ 0.18	0.20 ~ 0.16	0.17 ~ 0.14	0.15 ~ 0.12	0.13 ~ 0.10

注：1. 表中大数值适用于大圆角半径，小数值适应小圆角半径。随着凸缘直径的增加及相对高度的减小，其数值也跟着减少。

2. 表中数值适用于 10 钢，对比 10 钢塑性好的材料取接近表中的大数值，塑性差的取小数值。

表 6 – 3 – 6　圆筒形件的极限拉深系数（带压料圈）

拉深系数	坯料相对厚度(t/D)/%					
	2.0 ~ 1.5	1.5 ~ 1.0	1.0 ~ 0.6	0.6 ~ 0.3	0.3 ~ 0.15	0.15 ~ 0.08
$[m_1]$	0.48 ~ 0.50	0.50 ~ 0.53	0.53 ~ 0.55	0.55 ~ 0.58	0.58 ~ 0.60	0.60 ~ 0.63
$[m_2]$	0.73 ~ 0.75	0.75 ~ 0.76	0.76 ~ 0.78	0.78 ~ 0.79	0.79 ~ 0.80	0.80 ~ 0.82
$[m_3]$	0.76 ~ 0.78	0.78 ~ 0.79	0.79 ~ 0.80	0.80 ~ 0.81	0.81 ~ 0.82	0.82 ~ 0.84
$[m_4]$	0.78 ~ 0.80	0.80 ~ 0.81	0.81 ~ 0.82	0.82 ~ 0.83	0.83 ~ 0.85	0.85 ~ 0.86
$[m_5]$	0.80 ~ 0.82	0.82 ~ 0.84	0.84 ~ 0.85	0.85 ~ 0.86	0.86 ~ 0.87	0.87 ~ 0.88

注：1. 表中拉深系数适用于 08 钢、10 钢和 15Mn 钢等普通拉深碳钢及黄铜 H62。对拉深性能较差的材料，如 20 钢、25 钢、Q215 钢、硬铝等应比表中数值大 1.5% ~ 2.0%；而对塑性较好的材料，可比表中数值减小 1.5% ~ 2.0%。
　　2. 表中数据适用于未经中间退火的拉深。若采用中间退火工序时，则取值可比表中数值小 2% ~ 3%。
　　3. 表中较小值适用于大的凸模圆角半径$[r_A = (8~15)t]$，较大值适用于小的凹模圆角半径$[r_A = (4~8)t]$。

表 6 – 3 – 7　圆筒形件的极限拉深系数（不带压料圈）

拉深系数	坯料相对厚度(t/D)/%				
	1.5	2.0	2.5	3.0	>3
$[m_1]$	0.65	0.60	0.55	0.53	0.50
$[m_2]$	0.80	0.75	0.75	0.75	0.70
$[m_3]$	0.84	0.80	0.80	0.80	0.75
$[m_4]$	0.87	0.84	0.84	0.84	0.78
$[m_5]$	0.90	0.87	0.87	0.87	0.82
$[m_6]$	—	0.90	0.90	0.90	0.85

注：此表适用于 08 钢、10 钢及 15Mn 钢等材料。其余各项同表 6 – 3 – 6 之注。

表 6 – 3 – 8　圆筒形件总拉深系数 $m(d/D)$ 与拉深次数的关系

拉深系数	坯料相对厚度(t/D)/%				
	2 ~ 1.5	1.5 ~ 1.0	1.0 ~ 0.5	0.5 ~ 0.2	0.2 ~ 0.06
2	0.33 ~ 0.36	0.36 ~ 0.40	0.40 ~ 0.43	0.43 ~ 0.46	0.46 ~ 0.48
3	0.24 ~ 0.27	0.27 ~ 0.30	0.30 ~ 0.34	0.34 ~ 0.37	0.37 ~ 0.40
4	0.18 ~ 0.21	0.21 ~ 0.24	0.24 ~ 0.27	0.27 ~ 0.30	0.30 ~ 0.33
5	0.13 ~ 0.16	0.16 ~ 0.19	0.19 ~ 0.22	0.22 ~ 0.25	0.25 ~ 0.29

注：表中数值适用于 08 钢及 10 钢的圆筒形件（用压料圈）。

表 6 – 3 – 9　带凸缘圆筒形件首次拉深的极限拉深系数 $[m_1]$

凸缘的相对直径 d_t/d	坯料相对厚度 $(t/D)/\%$				
	2 ~ 1.5	1.5 ~ 1.0	1.0 ~ 0.6	0.6 ~ 0.3	0.3 ~ 0.1
1.1 以下	0.51	0.53	0.55	0.57	0.59
1.3	0.49	0.51	0.53	0.54	0.55
1.5	0.47	0.49	0.50	0.51	0.52
1.8	0.45	0.46	0.47	0.48	0.48
2.0	0.42	0.43	0.44	0.45	0.45
2.2	0.40	0.41	0.42	0.42	0.42
2.5	0.37	0.38	0.38	0.38	0.38
2.8	0.34	0.35	0.35	0.35	0.35
3.0	0.32	0.33	0.33	0.33	0.33

表 6 – 3 – 10　带凸缘圆筒形件以后各次拉深的极限拉深系数

拉深系数	坯料相对厚度 $(t/D)/\%$				
	2 ~ 1.5	1.5 ~ 1.0	1.0 ~ 0.6	0.6 ~ 0.3	0.3 ~ 0.1
$[m_2]$	0.73	0.75	0.76	0.78	0.80
$[m_3]$	0.75	0.78	0.79	0.80	0.82
$[m_4]$	0.78	0.80	0.82	0.83	0.84
$[m_5]$	0.80	0.82	0.84	0.85	0.86

表 6 – 3 – 11　修正系数 K_1、K_2 的数值

m_1	0.55	0.57	0.60	0.62	0.65	0.67	0.70	0.72	0.75	0.77	0.80	—	—	—
K_1	1.0	0.93	0.86	0.79	0.72	0.66	0.60	0.55	0.5	0.45	0.40	—	—	—
m_2、m_3、 $\cdots$、m_n	—	—	—	—	—	—	0.70	0.72	0.75	0.77	0.80	0.85	0.90	0.95
K_2	—	—	—	—	—	—	1.0	0.95	0.90	0.85	0.80	0.70	0.60	0.50

表 6 – 3 – 12　单位面积压料力

材料	单位压料力 p/MPa	材料	单位压料力 p/MPa
铝	0.8 ~ 1.2	软钢($t < 0.5$mm)	2.5 ~ 3.0
纯钢、硬铝(已退火)	1.2 ~ 1.8	镀锡钢	2.5 ~ 3.0
黄铜	1.5 ~ 2.0	耐热钢(软化状态)	2.8 ~ 3.5
软钢($t > 0.5$mm)	2.0 ~ 2.5	高压金钢、不锈钢、高锰钢	3.0 ~ 4.5

表 6 - 3 - 13　拉深凹模圆角半径 r_d 的数值　　　　mm

拉深件材料	料厚 t	r_A	拉深件材料	料厚 t	r_A
钢	<3	(10-6t)	铝、黄铜、紫铜	<3	(8~5)t
	3~6	(6~4)t		3~6	(5~3)t
	>6	(4~2)t		>6	(3~1.5)t

注：对于第一次拉深和较薄的材料，应取表中上限值；对于以后各次拉深和较厚的材料，应取表中下限值。

表 6 - 3 - 14　有压料装置的凸、凹模单边间隙值 Z　　　　mm

总拉深次数	拉深工序	单边间隙 Z	总拉深次数	拉深工序	单边间隙 Z
1	第一次拉深	(1~1.1)t	4	第一、二次拉深	1.2t
2	第一次拉深	1.1t		第三次拉深	1.1t
	第二次拉深	(1~1.05)t		第四次拉深	(1~1.05)t
3	第一次拉深	1.2t	5	第一、二、三次拉深	1.2t
	第二次拉深	1.1t		第四次拉深	1.1t
	第三次拉深	(1~1.05)t		第五次拉深	(1~1.05)t

注：1. t 为材料厚度，取材料允许偏差的中间值。

　　2. 当拉深精度要求较高的零件时，最后一次拉深间隙取 Z = t。

表 6 - 3 - 15　拉深凸、凹模制造公差　　　　mm

材料厚度 t	拉深件直径 d					
	≤20		20~100		>100	
	δ_A	δ_T	δ_A	δ_T	δ_A	δ_T
≤0.5	0.02	0.01	0.03	0.02	—	—
>0.5~1.5	0.04	0.02	0.05	0.03	0.08	0.05
>1.5	0.06	0.04	0.08	0.05	0.10	0.06

6.4　其他模具设计资料

表 6 - 4 - 1　低碳钢圆孔翻孔的极限翻孔系数 [K]

凸模结构形式	孔的加工方法	预制数的相对直径 d/t										
		100	50	35	20	15	10	8	6.5	5	3	1
球形	钻孔去毛刺	0.70	0.60	0.52	0.45	0.40	0.36	0.33	0.31	0.30	0.25	0.20
	冲孔	0.75	0.65	0.57	0.52	0.48	0.45	0.44	0.43	0.42	0.42	—
圆柱形平底	钻孔去毛刺	0.80	0.70	0.60	0.50	0.45	0.42	0.40	0.37	0.35	0.30	0.25
	冲孔	0.85	0.75	0.65	0.60	0.55	0.52	0.50	0.50	0.48	0.47	—

表 6 – 4 – 2　其他材料翻孔的翻孔系数 *K*

材料(退火)	翻孔系数	
	K	[*K*]
白铁皮	0.70	0.65
软钢($t = 0.25 \sim 2$)	0.72	0.68
软钢($t = 3 \sim 6$)	0.78	0.75
黄铜 *H*62($t = 0.5 \sim 6$)	0.68	0.62
铝($t = 0.5 \sim 5$)	0.70	0.64
硬铝	0.89	0.80

表 6 – 4 – 3　外缘翻边时材料的允许变形程度

材料名称及代号		$\varepsilon_{伸}/\%$		$\varepsilon_{压}/\%$	
		橡皮成形	模具形成	橡皮成形	模具形成
铝合金	L4 软	25	30	6	40
	L4 硬	5	8	3	12
	LF21 软	23	30	6	40
	LF21 硬	5	8	3	12
	LF2 软	20	25	6	35
	LF2 硬	5	8	3	12
	LY12 软	14	20	6	30
	LY12 硬	6	8	5	9
	LY11 软	14	20	4	30
	LY11 硬	5	6	0	0
黄铜	H62 软	30	40	8	45
	H62 半硬	10	14	4	16
	H68 软	35	45	8	55
	H68 半硬	10	14	4	16
钢	10	—	38	—	10
	20	—	22	—	10
	1Cr18Ni 软	—	15	—	10
	1Cr18Ni 硬	—	40	—	10
	2Cr18Ni9	—	40	—	10

表 6 - 4 - 5   常用材料的极限胀形系数 $[K]$

材　　料	厚度 t/mm	极限胀形系数 $[K]$
铝合金 LF21 - M	0.5	1.25
纯铝 L1、L6	1.0	1.28
	1.5	1.32
	2.0	1.32
黄铜 H62、H68	0.5 ~ 1.0	1.35
	1.5 ~ 2.0	1.40
低碳钢 08F、10、20	0.5	1.20
	1.0	1.24
不锈钢 1Cr18Ni9Ti	0.5	1.26
	1.0	1.28

表 6 - 4 - 6   校平与整形单位面积压力

校形方法	p/MPa	校形方法	p/MPa
光面校平模校平	50 ~ 80	敞开形工件整形	50 ~ 100
细齿校平模校平	80 ~ 120	拉深件减小圆角及对底面、侧面整形	150 ~ 200
粗齿校平模校平	100 ~ 150		

第7章　常用标准汇编

7.1　标准公差表

表 7 - 1 - 1　标准公差数值　　　　　　　　（μm）

基本尺寸 mm	公差等级															
	IT1	IT2	IT3	IT4	IT5	IT6	IT7	IT8	IT9	IT10	IT11	IT12	IT13	IT14	IT15	IT16
≤3	0.8	1.2	2	3	4	6	10	14	25	40	60	100	140	250	400	600
>3~6	1	1.5	2.5	4	5	8	12	18	30	48	75	120	180	300	480	750
>6~10	1	1.5	2.5	4	6	9	15	22	36	58	90	150	220	360	580	900
>10~18	1.2	2	3	5	8	11	18	27	43	70	110	180	270	430	700	1100
>18~30	1.5	2.5	4	6	9	13	21	33	52	84	130	210	330	520	840	1300
>30~50	1.5	2.5	4	7	11	16	25	39	62	100	160	250	390	620	1000	1600
>50~80	2	3	5	8	13	19	30	46	74	120	190	300	460	740	1200	1900
>80~120	2.5	4	6	10	15	22	35	54	87	140	220	350	540	870	1400	2200
>120~180	3.5	5	8	12	18	25	40	63	100	160	250	400	630	1000	1600	2500
>180~250	4.5	7	10	14	20	29	46	72	115	185	290	460	720	1150	1850	2900
>250~315	6	8	12	16	23	32	52	81	130	210	320	520	810	1300	2100	3200
>315~400	7	9	13	18	25	36	57	89	140	230	360	570	890	1400	2300	3600
>400~500	8	10	15	20	27	40	63	97	155	250	400	630	970	1550	2500	4000

7.2　常用配合的极限偏差

表 7-2-1　常用配合的极限偏差

(孔公差带 / 轴公差带，单位：μm；各格数值为上偏差 / 下偏差)

基本尺寸/mm		孔公差带 H				轴公差带																
大于	至	H6	H7	H8	H9	h5	h6	h7	h8	k6	k7	m6	m7	n6	n7	p6	p7	r6	r7	s6	s7	u6
—	3	+6/0	+10/0	+14/0	+25/0	0/-4	0/-6	0/-10	0/-14	+6/0	+10/0	+8/+2	+12/+2	+10/+4	+14/+4	+12/+6	+16/+6	+16/+10	+20/+10	+20/+14	+24/+14	+24/+18
3	6	+8/0	+12/0	+18/0	+30/0	0/-5	0/-8	0/-12	0/-18	+9/+1	+13/+1	+12/+4	+16/+4	+16/+8	+20/+8	+20/+12	+24/+12	+23/+15	+27/+15	+27/+19	+31/+19	+31/+23
6	10	+9/0	+15/0	+22/0	+36/0	0/-6	0/-9	0/-15	0/-22	+10/+1	+16/+1	+15/+6	+21/+6	+19/+10	+25/+10	+24/+15	+30/+15	+28/+19	+34/+19	+32/+23	+38/+23	+37/+28
10	14	+11/0	+18/0	+27/0	+43/0	0/-8	0/-11	0/-18	0/-27	+12/+1	+19/+1	+18/+7	+25/+7	+23/+12	+30/+12	+29/+18	+36/+18	+34/+23	+41/+23	+39/+28	+46/+28	+44/+33
14	18	+11/0	+18/0	+27/0	+43/0	0/-8	0/-11	0/-18	0/-27	+12/+1	+19/+1	+18/+7	+25/+7	+23/+12	+30/+12	+29/+18	+36/+18	+34/+23	+41/+23	+39/+28	+46/+28	+44/+33
18	24	+13/0	+21/0	+33/0	+52/0	0/-9	0/-13	0/-21	0/-33	+15/+2	+23/+2	+21/+8	+29/+8	+28/+15	+36/+15	+35/+22	+43/+22	+41/+28	+49/+28	+48/+35	+56/+35	+54/+41
24	30	+13/0	+21/0	+33/0	+52/0	0/-9	0/-13	0/-21	0/-33	+15/+2	+23/+2	+21/+8	+29/+8	+28/+15	+36/+15	+35/+22	+43/+22	+41/+28	+49/+28	+48/+35	+56/+35	+61/+48
30	40	+16/0	+25/0	+39/0	+62/0	0/-11	0/-16	0/-25	0/-39	+18/+2	+27/+2	+25/+9	+34/+9	+33/+17	+42/+17	+42/+26	+51/+26	+50/+34	+59/+34	+59/+43	+68/+43	+76/+60
40	50	+16/0	+25/0	+39/0	+62/0	0/-11	0/-16	0/-25	0/-39	+18/+2	+27/+2	+25/+9	+34/+9	+33/+17	+42/+17	+42/+26	+51/+26	+50/+34	+59/+34	+59/+43	+68/+43	+86/+70
50	65	+19/0	+30/0	+46/0	+74/0	0/-13	0/-19	0/-30	0/-46	+21/+2	+32/+2	+30/+11	+41/+11	+39/+20	+50/+20	+51/+32	+62/+32	+60/+41	+72/+41	+72/+53	+83/+53	+106/+87
65	80	+19/0	+30/0	+46/0	+74/0	0/-13	0/-19	0/-30	0/-46	+21/+2	+32/+2	+30/+11	+41/+11	+39/+20	+50/+20	+51/+32	+62/+32	+62/+43	+73/+43	+78/+59	+89/+59	+121/+102
80	100	+22/0	+35/0	+54/0	+87/0	0/-15	0/-22	0/-35	0/-54	+25/+3	+38/+3	+35/+13	+48/+13	+45/+23	+58/+23	+59/+37	+72/+37	+73/+51	+86/+51	+93/+71	+106/+71	+146/+124
100	120	+22/0	+35/0	+54/0	+87/0	0/-15	0/-22	0/-35	0/-54	+25/+3	+38/+3	+35/+13	+48/+13	+45/+23	+58/+23	+59/+37	+72/+37	+76/+54	+89/+54	+101/+79	+114/+79	+159/+144

7.3　冲压材料规格

表 7 – 3 – 1　轧制簿钢板规格　　　　　　　　　　　　　　　mm

厚度	厚度允许偏差			宽度											
	较高精度	普通精度		500	600	710	750	800	850	900	950	1000	1100	1250	1400	1500
	普通和优质钢板															
	冷轧和热轧	热轧														
	全部宽度	宽度 <1000	宽度 ≥1000	长度											
0.2 ~ 0.40	±0.04	±0.06	±0.06	—	1200	—	1000	—							
0.45 ~ 0.50	±0.05	±0.07	±0.07	1000	1500	1000	1500	1500	1500	1500					
0.55 ~ 0.60	±0.06	±0.08	±0.08	1500	1800	1420	1800	1800	1700	1800	1500		—	—	—
0.70 ~ 0.70	±0.07	±0.09	±0.09		2000	1800	2000	2000	1800	2000	1900	1500			
0.80 ~ 0.90	±0.08	±0.10	±0.10	—	—	2000	—	—	2000			2000	2000		
1.0 ~ 1.1	±0.09	±0.12	±0.12												
1.2 ~ 1.25	±0.11	±0.13	±0.13	1000	1200	1000	1000	1500	1500	1000				—	
1.4	±0.12	±0.15	±0.15	1500	1420	1500	1800	1700	1500	1500	1500	2000	2000		
1.5	±0.12	±0.15	±0.15	2000	1800	1800	1800	2000	1800	1800	1900	2000	2200	2500	
1.6 ~ 1.8	±0.14	±0.16	±0.16		2000	2000	2000		2000	2000	2000				
2.0	±0.15	+0.15 −0.18	±0.18		600	1000			1500	1000					
2.2	±0.16	+0.15 −0.19	±0.19	500 1000	1200 1500	1420 1800	1500 1800	1500 1800	1700 1800	1500 1800	1500 1900	1500 2000	2200 3000	2500 3000	2800 3000
2.5	±0.17	+0.16 −0.20	±0.20	1500	1800 2000	2000	2000	2000	2000	2000	2000	3000	4000	4000	4000
2.8 ~ 3.0	±0.18	+0.17 −0.22	±0.22		600		1000		1500	1000				2800	
3.2 ~ 3.5	±0.20	+0.18 −0.25	±0.25	500 1000	1200 1800	1420 1800	1500 1800	1500 1800	1700 1800	1500 1800	1500 1900	2000 3000	2200 3000	2500 3000	3000 3500	3000 3500
3.8 ~ 4.0	±0.22	+0.20 −0.30	±0.30		2000	2000	2000	2000	2000	2000	2000	4000	4000	4000	4000	4000	4000

表 7 - 3 - 2　低碳钢冷轧钢带的宽度及允许偏差　　　　　　　　　　　　mm

公称宽度	允许偏差					
	厚度 0.05 ~ 0.50		厚度 0.55 ~ 1.00		厚度 > 1.00	
	普通精度	较高精度	普通精度	较高精度	普通精度	较高精度
4、5、6、7、8、9、10、11、12、13、14、15、16、17、18、19、20、22、24、26、28、30、32、34、36、38、40、43、46、50、53、56、60、63、66、70、73、76、80、83、86、90、93、96、100	- 0.30	- 0.15	- 0.40	- 0.25	- 0.50	- 0.30
105、110、115、120、125、130、135、140、145、150、155、160、165、170、175、180、185、190、195、200、205、210、215、220、225、230、235、240、245、250、260、270、280、290、300	- 0.5	- 0.25	- 0.60	- 0.35	- 0.70	- 0.50

表 7 - 3 - 3　电工用热轧硅钢板规格及允许偏差　　　　　　　　　　　　mm

分类	钢号	厚度	厚度及偏差	宽度×长度及其偏差
低硅钢板	D11	1.0、0.5	1.0 ± 0.10 0.5 ± 0.05 0.35 ± 0.04	600 × 1200 670 × 1340 750 × 1500 860 × 1720 900 × 1800 1000 × 2000 宽度 ≤750 + 8 　　　 >750 + 10 长度 ≤1500 + 25 　　　 >1500 + 30
低硅钢板	D12	0.5		
低硅钢板	D21	1.0、0.5、0.35		
低硅钢板	D22	0.5		
低硅钢板	D23	0.5		
低硅钢板	D24	0.5		
高硅钢板	D31	0.5、0.35		
高硅钢板	D32	0.5、0.35		
高硅钢板	D41	0.5、0.35		
高硅钢板	D42	0.5、0.35		
高硅钢板	D43	0.5、0.35		
高硅钢板	D44	0.5、0.35		
高硅钢板	DH41	0.35、0.2、0.1	0.2 ± 0.02 0.1 ± 0.02	
高硅钢板	DR41	0.35、0.2、0.1		
高硅钢板	DG41	0.35、0.2、0.1		

表7-3-4 电信用冷轧硅钢带的规格　　mm

牌号	厚度	厚度偏差		宽　度	宽度偏差			
		宽度<200	宽度≥200		宽5~10时	宽12.5~40时	宽50~80时	宽>80时
DG1、DG2 DG3、DG4	0.5	±0.005		5、6、5.8、10、12.5、15、16、20、25、32、40、50、64、80、100	-0.20	-0.25	-0.30	
	0.8 1.0	±0.010		5、6.5、8、12.5、15、16、20、25、32、40、50、64、80、100、110	-0.20	-0.25	-0.30	+1% (宽度)
	0.20	±0.015	±0.02	80~300			-0.30	
DQ1、DQ2、 DQ3、DQ4 DQ5、DQ6	0.35	±0.020	±0.03	80~600			-0.30	

7.4 金属材料的机械性能

表7-4-1 钢的机械性能

材料名称	材料牌号	材料状态	极限强度		延伸率 δ (%)	屈服点 σ_s (N/mm^2)	弹性模数 E (N/mm^2)
			抗剪 τ (N/mm^2)	抗拉 σ_b (N/mm^2)			
电工用工业纯铁 $C<0.025$	DT1 DT2 DT3	已退火的	180	230	26		
电工硅钢	D11,D12 D21,D31, D32,D370, D310~340 D41~48	已退火的	190	230	26		
普通碳素铜	Q175	未经退火的	260~380	320~470	18~22	190	
	Q195		260~320	320~400	28~33		
	Q215		270~340	340~420	26~31	220	
	Q235		310~380	440~470	21~25	240	
	Q255		340~420	490~520	19~23	260	
	Q275		400~500	580~620	15~19	280	

材料名称	材料牌号	材料状态	极限强度		延伸率 δ （%）	屈服点 σ_5 （N/mm²）	弹性模数 E （N/mm²）
			抗剪 τ （N/mm²）	抗拉 σ_b （N/mm²）			
碳素结构钢	05	已退火的	200	230	28	—	
	05F		210~300	260~380	32	—	
	08F		220~310	280~390	32	180	
	08		260~360	330~450	32	200	190000
	10F		220~340	280~420	30	190	
	10		260~340	300~440	29	210	198000
	15F		250~370	320~460	28	—	
	15		270~380	340~480	26	230	202000
	20F		280~890	340~480	26	230	200000
	20		280~400	360~510	25	250	210000
	25		320~440	400~550	24	280	202000
	30		360~480	450~600	22	300	201000
	35		400~520	500~650	20	320	201000
	40		420~540	520~670	18	340	213500
碳素结构钢	45	已退火的	440~560	550~700	16	360	204000
	50		440~580	550~730	14	380	220000
	55	已正火的	550	≥670	14	390	—
	60		550	≥700	13	410	208000
	65		600	≥730	12	420	—
	70		600	≥760	11	430	210000
碳素工具钢	T7~T12 T7A~T12A	已退火的	600	750	10	—	—
	T8A	冷作硬化的	600~950	750~1200	—	—	
优质碳素钢	10Mn2	已退火的	320~460	400~580	22	230	211000
	65Mn		600	750	12	400	211000
合金结构钢	25CrMnSiA 25CrMnSi	已低温退火的	400~560	500~700	18	950	—
	30CrMnSiA 30CrMnSi		440~600	550~750	16	1450 850	
优质弹簧钢	60Si2Mn 60Si2MnA 65Si2WA	已低温退火的	720	900	10	1200	200000
		冷作硬化的	640~960	800~1200	10	1400 1600	—

续表 7 – 4 – 1

材料名称	材料牌号	材料状态	极限强度		延伸率 δ（%）	屈服点 σ₅（N/mm²）	弹性模数 E（N/mm²）
			抗剪 τ（N/mm²）	抗拉 σ_b（N/mm²）			
不锈钢	1Cr13	已退火的	320~380	400~470	21	420	210000
	2Cr13		320~400	400~500	20	450	210000
	3Cr13		400~480	500~600	18	480	210000
	4Cr13		400~480	500~600	15	500	210000
	1Cr18Ni9 2Cr18Ni9	经热处理的	460~520	580~640	35	200	200000
		冷辗压的 冷作硬化的	800~880	100~1100	38	220	200000
	1Cr18Ni9Ti	热处理退软的	430~550	54~700	40	200	200000

表 7 – 4 – 2　钢在加热状态的抗剪强度

钢的牌号	加热温度（℃）					
	200	500	600	700	800	900
Q195, Q215, 10, 15	360	320	200	110	60	30
Q235, Q255, 20, 25	450	450	240	130	90	60
Q275, 30, 35	530	520	330	160	90	70
Q295, 40, 50	600	580	380	190	90	70

注：材料的抗剪强度 τ 应取在冲压温度时的数值，冲压温度通常比加热温度低 150~200°C

7.5　国内外钢号对照表

表 7 – 5 – 1　中外常用钢号近似对照举例

钢种类别	中国	俄罗斯	美国		法国	德国	日本	英国
	GB	Гост	SAE	AISI	NF	DIN	JIS	B. S.
优质碳素结构钢	08	08	1008	C1008			S9CK	030A04 040A04
	08F	08KJI	1006	C1006			SPCH1	
	10	10	1010	C1010	XC10	C10、CK10	S10C	040A10 050A10
	15	15	1015	C1015	XC12	C15、CK15	S15C	040A15 050A15
	20	20	1020	C1020	XC18	C20、C22	S20C	040A20 050A20
	35	35	1035	C1035	XC35	C35、CK35	S35C	060A35
	45	45	1045	C1045	XC45	C45、CK45	S45C	060A42 060A47
	40Mn	40Г	1039	C1039		40Mn4	S40C	080A40 120A36
弹簧钢	65Mn	65Г	1066	1566				080A67
	60Si2Mn	C0C2	9260	9260	60S7	60SiMn5	SUP7	250A58 250A61
	50CrVA	50ХФА	6150	6150	50Cr4	50CrV4	SUP10	735A50
合金结构钢	15Cr	15Х	5115	5117	12C3	15Cr3	SCr415（SCr21）	523A14 523M15
	40Cr	40Х	5140	5140	42C4	41Cr4	SCr440（SCr4）	530A40 530M40
	15CrMo	15ХМ	4015	4015	15CD35	16CrMo4.4	SCM415（SCM21）	(1652)
	20CrNi	20ХН	3120	A3120	20NC6	18CrNi8		635M15 637M17
滚动轴承钢	GCr16	ШХ6	50100	E50100	100C2	105Cr2		
	GCr9	ШХ9	51100	E51100	100C3	105Cr4	SUJ1	
	GCr15	ШХ15	52100	E52100	100C5（100C6）	100Cr6	SUJ2	534A99 535A99
碳素工具钢	T8、T8A	Y8、Y8A	W108Commercial W108Special		Y275 Y175	C80W2 C80W1	SK5 SK6	
	T10、T10A	Y10、Y10A	W110Commercial W110Special		Y2105 Y1105	C105W2 C105W1	SK3 SK4	BWIB
	T12、T12A	Y12、T12A	W112Commercial W112Special		Y2120	C125W2 C125W1	SK2	BWIC

续表 7 – 5 – 1

钢种类别	中国	俄罗斯	美国		法国	德国	日本	英国
	GB	Гост	SAE	AISI	NF	DIN	JIS	B.S.
合金 工具钢	9SiCr	9XC				90CrSi5		
	Cr12	X12	D3	D3	Z200C12	X210Cr12	SKD1	BD3
	Cr12MoV	X12M	D2	D2	Z160CDV12	X165Cr MoV12	SKD11	BD2
	3Cr2W8V	3X2B8Ф	(H21)	(H21)	Z30WCV9 (100WC 15 – 04)	30WCrV9.3	SKD5	BH21
	CrWMn	XBГ				105WCr6	SKS31	(B01)
	5CrNiMo	5XHM	6F2	6F2	60NCDV 06 – 02	56Ni CrMoV6	SKT4	
高速 工具钢	W18Cr4V	P18	T1	T1	Z80W18	S18 – 0 – 1 (B18)	SKH2	BT1
	W9Cr4V2	P9	T7	T7	Z70WD12	(ABCⅡ)	SKH6	BT7
不锈钢	1Cr13	1X13	51403 51410	403 410	Z12C13	X10Cr13	SUS403 SUS410	(403S17) 410S21
	2Cr13	2X13	51420	420	Z20C13	X15CH3	SUS420J1	420S29 420S37
	3Cr13	3X13	51420	420	Z30C13	X30Cr13	SUS420J2	420S45
	1Cr17	12X17	51430	430	Z8C17	X8Cr17	SUS430	430S15
	1Cr18Ni9	12X18H9 (1X18H9)	30302	302	Z12CN 18 – 10	X12CrNi 18.8	SUS302	302S25
	1Cr18Ni9Ti	12X18H10T (1X18H9T)	(30321)	322	Z10CNT 18 – 10	X12CrNiTi 18.9	(SUS321)	321S20 (325S21)

表 7 – 5 – 2　铝合金板中外牌号 近似对照举例

合金类别	中国 (GB[①])	俄罗斯 (ГОСТ)	美国 (AA、ASTM)	法国 (NF)	德国 (DIN)	日本 (JIS)	英国 (B.S.)
工业 纯铝	1070A(L1)	АД00	1070	A7	A199.7	A1070P	S1A
	1060(L2)	А0	1060		A199.6	A1060P	
	1050A(L3)	АД0	1050	A5	A199.5	A1050P	S1B
	8A06(L6)	АД	1080		A199.8	A1080P	S1A
防锈铝	(LF1)	Д12	3004		AlMn1Mg1	A3004P	
	5A03(LF3)	AMT3	5154		AlMg4	A5154P	NS5
	5B05 (LF10)	AMT5П	5056		AlMg5 (AlMg 4.5Mn)	A5056P	NS6
	3A21 (LF21)	АМЦ	3003		Al – Mn	A3003TE A3203	N3

续表 7 − 5 − 2

合金类别	中国 （GB①）	俄罗斯 （ГОСТ）	美国 （AA、ASTM）	法国 （NF）	德国 （DIN）	日本 （JIS）	英国 （B. S.）
硬铝	2A01（LY1）	Д18П	2117		AlCu2.5 Mg0.5	A2117P	
	2A10（LY10）	B65	2017		AlCuMg1	A2017P	HS14
	2A11（LY11）	д1	2017		AlCuMg1	A2017P	HS15
	2A12（LY12）	д16	2024	A − UAG1	AlCuMg2	A2024P	
锻铝	2A80（LD8）	AK4	2618	A − U2N		A2N01FD A2N01FH	HF16
	2A90（LD9）	AK2	2018	A − U4N		A2018FD	
	2A14（LD10）	AK8	2014		AlCuSiMn	A2014FD A2014FH	HF15
特殊铝	4A01（LT1）	AK	4032 4043		AlSi5	A4032FD A4032	N21

①为 GB/T3190—1996 规定的牌号；括号内为 GB/T3190—1982 的牌号。

表 7 − 5 − 3　铜合金板中外牌号近似对照举例

合金 类别	中国 （GB）	俄罗斯 （ГОСТ）	美国 （ASTM）	法国 （NF）	德国 （DIN）	日本 （JIS）	英国 （B. S.）	国际标准 化组织（ISO）
紫铜	T1	M0	C10200		0F − Cu	C1020P	C103	Cu − 0F
	T2	M1	C11000	Cu/a2	0F − Cu57	C1100P	C101 C102	Cu − ETP
	T3	M2				C1221P	C104	
黄铜	H96	Л96	C21000		CuZn5	C2100P		CuZn5
	H80	Л80	C24000	U − Z30	CuZn20	C2400P	CZ103	CuZn20
	H70	Л70	C26000	U − Z33	CuZn30	C2600P	CZ106	CuZn30
	H68	Л68	C26200	U − Z36	CuZn30	C2600P	CZ106	CuZn30
	H65	Л65	C26800		CuZn36	C26800P	CZ107	CuZn37
	H62	Л62	C27200		CuZn33	C2801P	CZ108	CuZn33
	HPb63 − 3	ЛС63 − 3	C36000	U − Z29E1	CuZn36Pb3	C3650P	CZ124	CuZn36Pb3
	HSn70 − 1	ЛО70 − 1	C44300		CuZn28Sn	C4430P	CZ111	CuZn28Sn
	HSn62 − 1	ЛО62 − 1	C46400		CuZn39Sn	C4621P	CZ112	CuZn39Sn
青铜	QSn4 − 3	БР. ОЦ4 − 3	C51000		Cu − Sn4Zn			
	QSn4 − 4 − 2.5	БР. ОЦС 4 − 4 − 2.5	C5441			C5441P		
	QAl5	БР. А5			Cu − A15		CA101	
	QBe2	БР. Б2			Cu − Be2	C1720P	CB101	
白铜	B30	MH30	C71500		CuNi30Fe	C7150P	CN107	CuNi30Mn1Fe

表 7 – 5 – 4 中日板材、带料表示方法对照

序号	中国板材类别	日本标准牌号		备注
1	冷轧薄钢板(带)	SPC	SPCC	普通用途冷轧板或带
			SPCD	拉深用
			SPCE	深拉深用
			SPCEN	深拉深用(无时效)
2	热轧薄钢板(带)	SPH	SPHC	普通用途热轧钢板(带)
			SPHD	拉深用
			SPHE	深拉深用
3	冷轧不锈钢板(带)	SUS × × CP(SUS × × CS)①		
	热轧不锈钢板(带)	SUS × × HP(SUS × × HS)		
4	镀锌薄钢板	SPG	SPG1	一般用途
			SPG2	弯曲加工用
			SPG3	拉深用
			SPG4	结构件用
	彩色镀锌薄钢板	SGC	SGCC、SGCD	一般用途,拉深用
5	镀锡薄钢板	SPT	SPTE	电镀锡板
			SPTE – D	差后电镀锡板
			SPTH	热电镀锡板
6	冷轧电工钢板	S × ×①		
	热轧电工钢板	S × ×F		
7	铝板	A × ×P①		
	铝带	A × ×R		
			– O 材	软质
			$-\dfrac{1}{4}$H 材	$\dfrac{1}{4}$硬
			$-\dfrac{1}{2}$H 材	$\dfrac{1}{2}$硬
7	铝板		$-\dfrac{3}{4}$H 材	$\dfrac{3}{4}$硬
	铝带		– H 材	硬质
			– R 材	冷轧后自然时效
8	铜板(带)			
	紫铜板(带)	RBSP(RBSR)		
	黄铜板(带)	BSP(BSR)		
	磷青铜板(带)	PBP(PBR)		
	锌白铜板(带)	NSP(NSR)		
	白铜板(带)	CNP(CNR)		
9	钛板	TP		

① × ×为具体钢种代号数字。

7.6　常用模具材料及热处理

表 7 - 6 - 1　冲模工作零件常用材料及热处理要求

模具类型		冲件情况及对模具工件零件的要求	选用材料		热处理硬度 HRC	
			牌号	标准号	凸模	凹模
冲裁模	I	形状简单、精度较低、冲裁材料厚度≤3mm，批量中等	T10A	GB/T 1298	50～60	60～64
		带台肩的，快换式的凸凹模和形状简单的镶块	9Mn2V	GB/T 1299		
	II	材料厚度≤3mm，形状复杂	9CrSi CrWMn Cr12 Cr12MoV	GB/T1299	58～62	60～64
		材料厚度>3mm，形状复杂的镶块				
	III	要求耐磨、高寿命	Cr12MoV	GB/T 1299	58～62	60～64
			YG15 YG20	YB/T 849	—	—
	IV	冲薄材料用的凹模	T10A	GB/T 1298		
弯曲模	I	一般弯曲的凸、凹模及镶块	T10A	GB/T 1298	56～62	
	II	形状复杂、高度耐磨性的凸、凹模及镶块	CrWMn Cr12 Cr12MoV	GB/T 1299	60～64	
		生产批量特别大	YG15	YB/T 849	—	
	III	加热弯曲	5CrNiMo 5CrNiTi 5CrMnMo	GB/T1299	52～56	
拉深模	I	一般拉深	T10A	GB/T 1298	56～60	58～62
	II	形状复杂、高度耐磨	Cr12 Cr12MoV	GB/T 1299	58～62	60～64
	III	生产批量特别大	Cr12MoV	GB/T 1299	58～62	60～64
			YG10 YG15	YB/T 849	—	—
	IV	变薄拉深凸模	Cr12MoV	GB/T 1299	58～62	
		变薄拉深凹模	W18Cr4V Cr12MoV	GB/T 1299		60～64
			YG10、YG15	YB/T 849		—
	V	加热拉深	5CrNiTi 5CrNiMo	GB/T 1299	52～56	52～56

表 7 - 6 - 2　冲模一般零件的材料和热处理要求

零件名称	选用材料牌号	标准号	硬度 HRC
上、下模座	HT200	GB/T 9439	—
模柄	Q235	GB/T 700	—
导柱	20	GB/T 699	58 ~ 62(渗碳)
导套	20	GB/T 699	58 ~ 62(渗碳)
凸、凹模固定板	45	GB/T 699	
	Q235	GB/T 700	
承料板	Q235	GB/T 700	
卸料板	Q235	GB/T 700	—
	45	GB/T699	
导料板	45	GB/T 699	28 ~ 32
	Q235	GB/T 700	
导正销	T8A	GB/T 1298	50 ~ 54
	9Mn2V	GB/T 1299	56 ~ 60
挡料销 垫板 销钉 推杆、顶杆 顶板 螺钉	45	GB/T 699	43 ~ 48 头部 43 ~ 48
拉深模压边圈	T8A	GB/T 1298	54 ~ 58
	45	GB/T 699	43 ~ 48
螺母、垫圈、螺塞	Q235	GB/T 700	
定距侧刃、废料切刀	T10A	GB/T 1298	58 ~ 62
侧刃挡块	T8A	GB/T 1298	56 ~ 60
楔块与滑块			54 ~ 58
弹簧	65Mn	GB/T 1222	44 ~ 50

7.7　常用压力机主要技术规格

表 7-7-1 锻压机械类、列、组划分表

类别	汉字代号	拼音代号 \ 列别 / 组别	0		1		2		3		4	
			其它		单柱偏心压力机		开式双柱曲轴压力机		闭式曲轴压力机		拉伸压力机	
机械压力机	机	J	0		0		0		0		0	
			1		1	单柱固定台压力机	1	开式双柱固定台压力机	1	闭式单点压力机	1	闭式单动拉深压力机
			2		2	单柱活动台压力机	2	开式双柱活动台压力机	2		2	
			3		3	单柱柱形台压力机	3	开式双柱可倾压力机	3	闭式侧滑块压力机	3	开式双动拉深压力机
			4		4	单柱台式压力机	4	开式双柱转台压力机	4		4	底传动双动拉深压力机
			5		5		5	开式双柱双点压力机	5	闭式双点压力机	5	闭式双动拉深压力机
			6		6		6		6		6	闭式双点双动拉深压力机
			7		7		7		7		7	闭式四点双动拉深压力机
			8		8		8		8		8	闭式三动拉深压力机
			9		9		9		9	闭式四点压力机	9	

类别	汉字代号	拼音代号 \ 列别 / 组别	5		6		7		8		9	
			摩擦压力机		粉末制品压力机				模锻精压、挤压用压力机		专门化压力机	
机械压力机	机	J	0		0		0		0		0	
			1	无盘摩擦压力机	1	单面冲压粉末制品压力机	1		1		1	分度台压力机
			2	单盘摩擦压力机	2	双面冲压粉末制品压力机	2		2		2	冲模回转头压力机
			3	双盘摩擦压力机	3	轮转式粉末制品压力机	3		3		3	摩擦式压力机
			4	三盘摩擦压力机	4		4		4	精压机	4	
			5	上移式摩擦压力机	5		5		5		5	
			6		6		6		6	热模锻压力机	6	
			7		7		7		7	曲轴式金属挤压机	7	
			8		8		8		8	肘杆式金属挤压机	8	
			9		9		9		9		9	

表 7－7－2　开式压力机的基本参数

名称	量值（公称压力 kN）														
公称压力（kN）	40	63	100	160	250	400	630	800	1000	1250	1600	2000	2500	3150	4000
发生公称压力时滑块离下极点距离（mm）	3	3.5	4	5	6	7	8	9	10	10	12	12	13	13	15
滑块行程　固定行程（mm）	40	50	60	70	80	100	120	130	140	140	160	160	200	200	250
滑块行程　调节行程（mm）	40	50	60	70	80	100	120	130	140	140	160	—	—	—	—
标准行程次数（不小于）（min^{-1}）	200	160	135	115	100	80	70	60	60	50	40	40	30	30	25
快速型　发生公称压力时滑块离下极点距离（mm）	1	1	1.5	1.5	2	2	2.5	2.5	3	—	—	—	—	—	—
快速型　滑块行程（mm）	20	20	30	30	40	40	50	50	60	—	—	—	—	—	—
快速型　行程次数（不小于）（min^{-1}）	400	350	300	250	200	200	150	150	120	—	—	—	—	—	—
最大闭合高度（mm）　固定台和可倾（mm）	160	170	180	220	250	300	360	380	400	430	450	450	500	500	550
最大闭合高度（mm）　活动台位置　最低（mm）	—	—	—	300	360	400	460	480	500	—	—	—	—	—	—
最大闭合高度（mm）　活动台位置　最高（mm）	—	—	—	160	180	200	220	240	260	—	—	—	—	—	—
闭合高度调节量（mm）	35	40	50	60	70	80	90	100	110	120	130	140	150	150	170
滑块中心到机身距离（喉深）（mm）	100	110	130	160	190	220	260	290	320	350	380	380	425	425	480
标准型　工作台尺寸（mm）　左右	280	315	360	450	560	630	710	800	900	970	1120	1120	1250	1250	1400

续表 7-7-2

名称		量值															
标准型	工作台尺寸(mm) 前后	180	200	240	300	300	420	480	540	600	650	710	710	800	800	900
	左右	130	150	180	220	260	300	340	380	420	460	530	530	650	650	700
	工作台孔尺寸(mm) 前后	60	70	90	110	130	150	180	210	230	250	300	300	350	350	400
	直径	100	110	130	160	180	200	230	260	300	340	400	400	460	460	530
	立柱间距离(不小于)(mm)	130	150	180	220	260	300	340	380	420	460	530	530	650	650	700
	滑块中心到机身距离(喉深)(mm)	—	—	—	290	—	—	350	—	425	—	480	—	—	—	—
加大型	工作台尺寸(mm) 左右	—	—	—	800	—	—	970	—	1250	—	1400	—	—	—	—
	前后	—	—	—	540	—	—	650	—	800	—	900	—	—	—	—
	工作台孔尺寸(mm) 左右	—	—	—	380	—	—	460	—	650	—	700	—	—	—	—
	前后	—	—	—	210	—	—	250	—	350	—	400	—	—	—	—
	直径	—	—	—	260	—	—	340	—	460	—	530	—	—	—	—
	立柱间距离(不小于)(mm)	—	—	—	380	—	—	460	—	650	—	700	—	—	—	—
活动台压力机滑块中心到机身紧固工作台平面之距离(mm)		—	—	—	150	180	210	250	—	270	—	300	—	—	—	—
横柄孔尺寸(直径×深度)(mm)		φ30×50	φ30×50	φ30×50	φ50×70	φ50×70	φ50×70	φ60×75	φ60×75	φ60×75	φ60×75	φ70×80	φ70×80	T型槽	T型槽	T型槽
工作台板厚度(mm)		35	40	50	60	70	80	90	100	110	120	130	130	150	150	170
倾斜角(不小于)(°)		30	30	30	30	30	30	30	30	30	30	25	25	25	25	25

表7-7-3 闭式单点压力机的基本参数

公称压力（kN）	公称压力行程（mm）	滑块行程（mm）		滑块行程次数（min⁻¹）		最大闭合高度（mm）	闭合高度调节量（mm）	导轨间距离（mm）	滑块底面前后尺寸（mm）	工作台板尺寸	
		I 型	II 型	I 型	II 型					左右	前后
1600	13	250	200	20	32	450	200	880	700	800	800
2000	13	250	200	20	32	450	200	980	800	900	900
2500	13	315	250	20	28	500	250	1080	900	1000	1000
3150	13	400	250	16	28	500	250	1200	1020	1120	1120
4000	13	400	315	16	25	550	250	1330	1150	1250	1250
5000	13	400	—	12	—	550	250	1480	1300	1400	1400
6300	13	500	—	12	—	700	315	1580	1400	1500	1500
8000	13	500	—	10	—	700	315	1680	1500	1600	1600
10000	13	500	—	10	—	850	400	1680	1500	1600	1600
12500	13	500	—	8	—	850	400	1880	1700	1800	1800
16000	13	500	—	8	—	950	400	1880	1700	1800	1800
20000	13	500	—	8	—	950	400	1880	1700	1800	1800

表7-7-4 四柱万能液压机的基本参数

主要技术规格	型号							
	Y32-50	YB32-63	Y32-100A	Y32-200	Y32-300	YA32-315	Y32-500	Y32-2000
公称压力(kN)	500	630	1000	2000	3000	3150	5000	20000
滑块行程(mm)	400	400	600	700	800	800	900	1200
顶出力(kN)	75	95	165	300	300	630	1000	1000
工作台尺寸(mm) 前后×左右×距地面高	490×520×800	490×520×800	600×600×700	760×710×900	1140×1210×700	1160×1260	1400×1400	2400×2000
工作行程速度(mm/s)	16	6	20	6	4.3	8	10	5
活动横梁至工作台最大距离(mm)	600	600	850	1100	1240	1250	1500	800~2000
液体工作压力(N/mm²)	2000	2500	2100	2000	2000	2500	2500	2600

7.8 模具设计中常用公差配合及表面粗糙度

相关零件的配合

1)采用过盈配合处 导柱与下模座、导套与上模座配合面。

2)采用过盈与过渡配合处　模具工作零件与固定板、防止上模与下模径向转动的圆柱销与其配合件、(压入式)模柄与上模座之间的配合。

3)采用精密的间隙配合处　导柱与导套之间的配合面。

表7-8-1　冲模零件的配合及表面粗糙度

零件及其位置	配合与标准公差等级	表面粗糙度 $Ra/\mu m$
工件零件刃口表面 $\begin{bmatrix} 凸模、凹模 \\ 凸凹模 \\ 废料切刀 \end{bmatrix}$	一般情况 H6/h6、H7/h7 自由尺寸工件半成品中间工件 H9/h9、H10/H10	0.8~0.4
工件零件与固定板 防转动圆柱销 配合面 挡料销	H7/m6、H7/n6	0.8~0.4
导柱、导套上配合面	H6/h5、H7/h6、H7/j5	0.2~0.1
导柱、导套与模座配合面	H7/r6	0.8~0.2
横柄与模座配合面	H7/m6	
导正销结构面	H6/k6、H7/h6	0.8~0.4
上述零件其他表面 其他零件	IT9、IT10~IT14	1.6~不加工

7.9   冷冲模典型组合

表 7 – 9 – 1   固定卸料纵向送料典型组合尺寸   mm

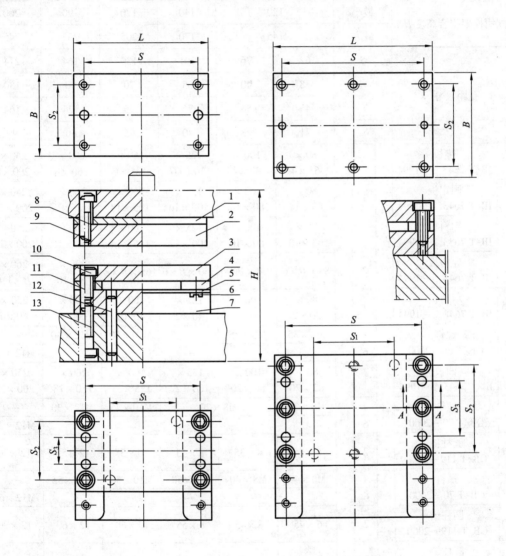

标记示例：

凹模周界 $L = 125\,\text{mm}$，$B = 100\,\text{mm}$ 配用模架闭合高度 $H = 140 \sim 170\,\text{mm}$ 的纵向送料典型组合：

典型结合 $125 \times 100 \times 140 \sim 170$ JB/T 8065.3—1995

凹模周界	L	80	100	125	160	200	250
	B	63	80	100	125	160	200
凸模长度		50		55	60	65	70
配用模架闭合高度 H	最小	120		140	170	190	200
	最大	145		170	205	235	245
孔距尺寸	S	62	76	101	130	164	214
	S_1	38	40	65	70	90	130
	S_2	45	56	76	95	124	164
	S_3	21	28	40	55	60	90

零件件号、名称及标准编号　数量　规格

件号	名称及标准编号	数量	80	100	125	160	200	250
1	垫板 JB/T 7643.3 – 1994	1	80×63×4	100×80×4	125×100×6	160×125×6	200×160×8	250×200×8
2	固定板 JB/T 7643.2—1994	1	80×63×14	100×80×14	125×100×16	160×125×18	200×160×20	250×200×22
3	卸料板 JB/T 7643.2—1994	1	80×63×10	100×80×10	125×100×12	160×125×14	200×160×16	250×200×18
4	导料板 JB/T 7648.5—1994	2	83×B×6	100×B×6	140×B×6	165×B×8	220×B×10	260×B×110
5	承料板 JB/T 7648.6—1994	1	80×20×2	100×20×2	125×40×2	160×40×3	200×60×3	250×60×4
6	螺钉 GB/T 65—2000	4	M6×35	M8×35	M8×45	M10×50	M12×60	—
		6	—					M12×65
7	凹模 JB/T 7643.1—1994	1	80×63×20	100×80×20	125×100×22	160×125×25	200×160×28	250×200×32
8	螺钉 GB/T 70—2000	4	M6×20	M8×20		M10×25	M12×30	—
		6	—					M12×30
9	圆柱销 GB/T 119—2000	2	6×35	8×35	8×45	10×55	12×55	12×70
10	螺钉 GB/T 70—2000	4	M6×40	M8×40	M8×50	M10×50	M12×55	—
		6	—					M12×65
11	圆柱销 GB/T 119—2000	2	6×45	8×45	8×55	10×60	12×60	12×70
12	圆柱销 GB/T 119—2000	4	5×30	6×30	6×35	8×40	10×45	10×50
13	螺钉 GB/T 70—2000	2	M5×8		M6×10			—
		4	—				M6×12	

注: 1. 摘自 JB/T 8065.3—1995。

　　2. B 值设计时选定,导料板厚度仅供参考。

　　3. 技术条件:按 JB/T 8069—1995 的规定。

表7-9-2　弹压卸料纵向送料典型组合尺寸　　　　　　　　　mm

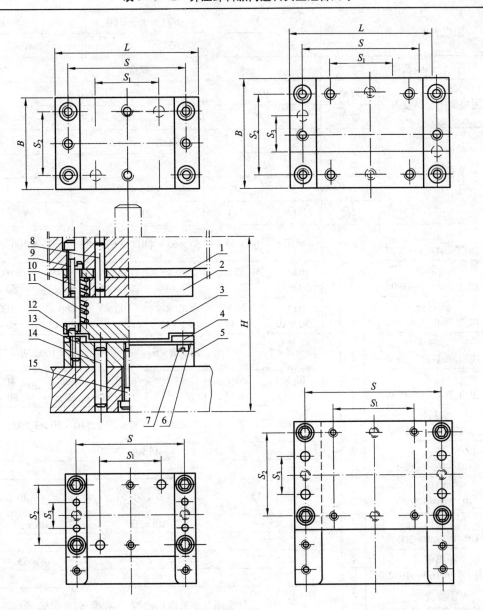

标记示例：

凹模周界　$L = 125\text{mm}$、$B = 100\text{mm}$，配用模架闭合高度 $H = 120 \sim 150\text{mm}$ 的纵向送料典型组合：

典型组合　$125 \times 100 \times 120 \sim 150$　JB/T 8066.1—1995

续表 7-9-2

凹模周界	L	63		80	100	80	100
	B	50	63			80	
凸模长度		42					
配用模架闭合高度 H	最小	100		110			
	最大	115		130			
孔距尺寸	S	47		62	82	56	76
	S_1	23		36	50	28	40
	S_2	34	47	45		56	
	S_3	14	23	21		28	

零件件号	名称及标准编号	数量	规格					
1	垫板 JB/T 7643.3—1994	1	63×50×4	63×63×4	80×63×4	100×63×4	80×80×4	100×80×4
2	固定板 JB/T 7643.2—1994	1	63×50×12	63×63×12	80×63×14	100×63×14	80×80×14	100×80×14
3	卸料板 JB/T 7643.2—1994	1	63×50×10	63×63×10	80×63×12	100×63×12	80×80×12	100×80×12
4	导料板 JB/T 7648.5—1994	2	70×B×4		83×B×6		100×B×6	
5	凹模 JB/T 7643.1—1994	1	63×50×12	63×63×12	80×63×14	100×63×14	80×80×14	100×80×14
6	承料板 JB/T 7648.6—1994	1	63×20×2		80×20×2	100×20×2	80×20×2	100×20×2
7	螺钉 GB/T 65—2000	2	M5×8					
		4	—					
8	圆柱销 JB/T 119—2000	2	5×35		6×40		8×40	
9	螺钉 GB/T 70.1—2000	4	M5×30		M6×35		M8×35	
		6	—					
10	卸料螺钉 JB/T 7650.5—1994	4	5×38		6×35		8×35	
		6	—					
11	弹簧 GB/T 2089—1994	4	设计选用。亦可以用橡胶、聚胺酯、碟形弹簧					
		6						
12	螺钉 GB/T 70.1—2000	4	M5×10		M6×16		M8×16	
13	圆柱销 GB/T 119—2000		4×16		5×16		6×16	
14	圆柱销 GB/T 119—2000	2	5×25		6×30		8×35	
15	螺钉 GB/T 70.1—2000	1	M5×25		M6×30		M8×35	
		6	—					

续表 7 - 9 - 2

凹模周界	L	125	160	160	200	250	315
	B	100	(140)	125		160	250
凸模长度		48	56	56		65	78
配用模架闭合高度 H	最小	120	140	140		170	215
	最大	150	170	170		210	250
孔距尺寸	S	101	130	130	170	214	279
	S_1	65	70	70	100	130	172
	S_2	76	110	95		124	214
	S_3	40	60	55		60	130

	件号	名称及标准编号	数量	规格					
零件件号、名称及标准编号	1	垫板 JB/T 7643.3—1994	1	125×100×6	(160)×(140)×6	160×125×6	200×125×6	250×160×8	315×250×10
	2	固定板 JB/T 7643.2—1994		125×100×16	(160)×(140)×18	160×125×18	200×125×18	250×160×22	315×250×28
	3	卸料板 JB/T 7643.2—1994		125×100×4	(160)×(140)×16	160×125×16	200×125×16	250×160×20	315×250×25
	4	导料板 JB/T 7648.5—1994	2	140×B×6	200×B×8	165×B×6		220×B×8	310×B×10
	5	凹模 JB/T 7643.1—1994	1	125×100×16	(160)×(140)×18	160×125×18	200×125×18	250×160×22	315×250×28
	6	承料板 JB/T 7648.6—1994	1	125×40×2	160×60×3	160×40×3	200×40×3	250×60×4	318×60×4
	7	螺钉 GB/T 65—2000	2	M6×10	M6×12	M6×10		—	
			4	—				M6×12	
	8	圆柱销 JB/T 119—2000	2	8×40	10×45	10×45		12×60	12×70
	9	螺钉 GB/T 70.1—2000	4	M8×40	M10×45	M10×45			
			6	—			M10×45	M12×55	M12×65
	10	卸料螺钉 JB/T 7650—1994	4	8×42	10×48	10×48	—	—	—
			6				10×48	12×55	12×65
	11	弹簧 GB/T 2089—1994	4	设计选用。亦可以用橡胶、聚氨酯、碟形弹簧					
			6						
	12	螺钉 GB/T 70.1—2000	4	M8×20	M10×20	M10×20		M12×25	
	13	圆柱销 GB/T 119—2000		6×20	8×20	8×20		10×25	10×30
	14	圆柱销 GB/T 119—2000	2	8×40	10×45	10×45		12×60	12×70
	15	螺钉 GB/T 70.1—2000	1	M8×40	M10×45	M10×45		—	
			6	—			M10×45	M12×60	M12×70

注：1. 摘自 JB/T 8066.1—1995。2. B 值设计时选定，导料板厚度仅供参考。3. 技术条件：按 JB/T 8069—1995 的规定。

表 7 - 9 - 3 弹压卸料横向送料典型组合尺寸 mm

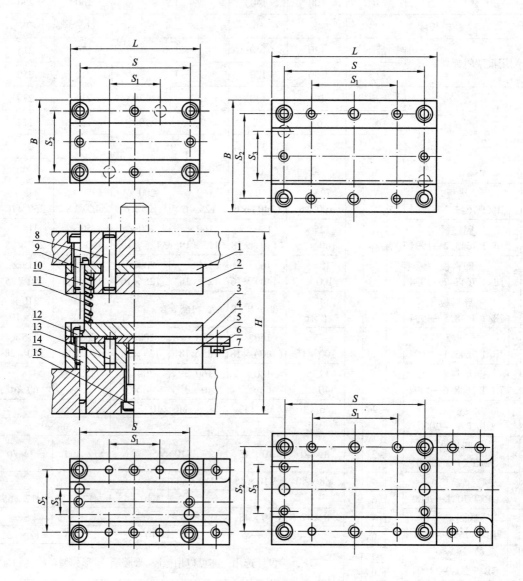

标记示例:

凹模周界 $L=125\text{mm}$、$B=100\text{mm}$,配用模架闭合高度 $H=120\sim150\text{mm}$ 的横向送料典型组合:

典型组合 $125\times100\times120\sim150$ JB/T 8066. 2—1995

续表 7 – 9 – 3

凹模周界	L	63		80	100	80	100
	B	50	63			80	
凸模长度		42					
配用模架闭合高度 H	最小	100				110	
	最大	115				130	
孔距尺寸	S	47		62	82	56	76
	S_1	23		36	50	28	40
	S_2	34	47	45		56	
	S_3	14	23	21		28	

零件件号、名称及标准编号 / 数量 / 规格

件号	名称及标准编号	数量	规格					
1	垫板 JB/T 7643.3—1994		63×50×4	63×63×4	80×63×4	100×63×4	80×80×4	100×80×4
2	固定板 JB/T 7643.2—1994	1	63×50×12	63×63×12	80×63×14	100×63×14	80×80×14	100×80×14
3	卸料板 JB/T 7643.2—1994		63×50×10	63×63×10	80×63×12	100×63×12	80×80×12	100×80×12
4	导料板 JB/T 7648.5—1994	2	83×B×4		100×B×6	120×B×6	100×B×6	120×B×6
5	凹模 JB/T 7643.1—1994	1	63×50×12	63×63×12	80×63×14	100×63×14	80×80×14	100×80×14
6	承料板 JB/T 7648.6—1994		63×20×2		80×20×2	100×20×2	80×20×2	100×20×2
7	螺钉 GB/T 65—2000	2	M5×8					
		4	—					
8	圆柱销 JB/T 119—2000	2	5×35		6×40		8×40	
9	螺钉 GB/T 70.1—2000	4	M5×30		M6×35		M8×35	
		6						
10	卸料螺钉 JB/T 7650.5—1994	4	5×38		6×35		8×35	
		6	—					
11	弹簧 GB/T 2089—1994	4	设计选用。亦可以用橡胶、聚胺酯、碟形弹簧					
		6						
12	螺钉 GB/T 70.1—2000	4	M5×10		M6×16		M8×16	
13	圆柱销 GB/T 119—2000		4×16		5×16		6×16	
14	圆柱销 GB/T 119—2000	2	5×25		6×30		8×35	
15	螺钉 GB/T 70.1—2000	1	M5×25		M6×30		M8×35	
		6	—					

续表 7-9-3

凹模周界	L	125	(140)	160	200	250	315
	B	80		125	100	125	200
凸模长度		42	48	56	58	58	70
配用模架闭合高度 H	最小	110	120	140	140	160	190
	最大	130	150	170	170	200	230
孔距尺寸	S	101	116	130	176	220	279
	S_1	65	70	70	100	130	175
	S_2	56		95	76	95	164
	S_3	28		55	40	55	90

零件件号、名称及标准编号：

件号	名称及标准编号	数量	规格					
1	垫板 JB/T 7643.3—1994	1	125×80×4	(140)×80×6	160×125×6	200×100×6	250×125×8	315×200×10
2	固定板 JB/T 7643.2—1994	1	125×80×14	(140)×80×16	160×125×18	200×100×18	250×125×20	315×200×25
3	卸料板 JB/T 7643.2—1994		125×80×12	(140)×80×14	160×125×16	200×100×16	250×125×18	315×200×22
4	导料板 JB/T 7648.5—1994	2	145×B×6	160×B×6	200×B×6	240×B×6	290×B×6	375×B×8
5	凹模 JB/T 7643.1—1994	1	125×80×14	(140)×80×16	160×125×18	200×125×18	250×125×20	315×200×25
6	承料板 JB/T 7648.6—1994	1	80×20×2		125×40×2	100×40×2	125×40×2	200×60×4
7	螺钉 GB/T 65—2000	2	M5×8		—			
		4	—		M6×12			
8	圆柱销 JB/T 119—2000	2	8×35	8×10	10×45	8×45	10×55	12×60
9	螺钉 GB/T 70.1—2000	4	M8×35	M8×10	M10×45	—	—	—
		6	—			M8×45	M10×55	M12×60
10	卸料螺钉 JB/T 7650—1994	4	8×35	8×12	10×48	—		
		6	—			8×48	10×50	12×60
11	弹簧 GB/T 2089—1994	4 / 6	设计选用。亦可以用橡胶、聚胺酯、碟形弹簧					
12	螺钉 GB/T 70.1—2000	4	M8×20		M10×20	M8×20	M10×20	M12×25
13	圆柱销 GB/T 119—2000	4	6×20		8×20	6×20	8×20	10×25
14	圆柱销 GB/T 119—2000	2	8×35	8×40	10×45	8×45	10×50	12×60
15	螺钉 GB/T 70.1—2000	1	M8×35	M8×40	M10×45	—		
		6	—			M8×45	M10×55	M12×65

注：1. 摘自 JB/T 8066.1—1995。2. B 值设计时选定，导料板厚度仅供参考。3. 技术条件：按 JB/T 8069—1995 的规定。

表 7 - 9 - 4 复合矩形厚凹模典型组合尺寸 mm

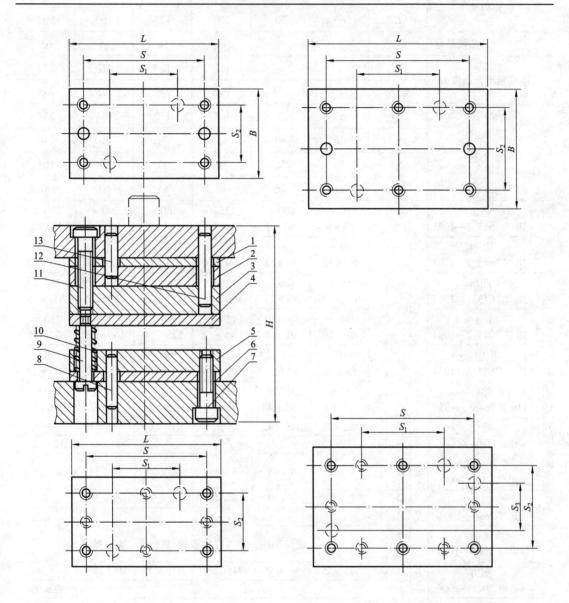

标记示例:

凹模周界 $L = 125\text{mm}$、$B = 100\text{mm}$,配用模架闭合高度 $H = 160 \sim 190\text{mm}$ 的矩形厚凹模典型组合:

典型组合 $125 \times 100 \times 160 \sim 190$ JB/T 8067.7—1995

凹模周界	L	80	100	125	160	200	250
凹模周界	B	63	80	100	125	160	200
凸凹模长度		42		46	56	56	63
配用模架闭合高度 H	最小	140		160	190	210	220
配用模架闭合高度 H	最大	165		190	225	225	265
孔距尺寸	S	62	76	101	130	164	214
孔距尺寸	S_1	36	40	65	70	90	130
孔距尺寸	S_2	45	56	76	95	124	164
孔距尺寸	S_3	21	28	40	55	60	90

零件件号、名称及标准编号 ／ 数量 ／ 规格

件号	名称及标准编号	数量	80×63	100×80	125×100	160×125	200×160	250×200
1	垫板 JB/T 7643.3—1994	1	80×63×4	100×80×4	125×100×6	160×125×6	200×160×8	250×200×8
2	固定板 JB/T 7643.2—1994	1	80×63×12	100×80×12	125×100×14	160×125×16	200×160×18	250×200×20
3	凹模 JB/T 7643.1—1994	1	80×63×22	100×80×22	125×100×25	160×125×28	200×160×32	250×200×35
4	卸料板 JB/T 7643.2—1994	1	80×63×10	100×80×10	125×100×12	160×125×14	200×160×16	250×200×18
5	固定板 JB/T 7643.2—1994	1	80×63×14	100×80×14	125×100×16	160×125×18	200×160×20	250×200×22
6	垫板 JB/T 7643.3—81	1	80×63×4	100×80×4	125×100×6	160×125×6	200×160×8	250×200×8
7	螺钉 GB/T 70—2000	4	M6×45	M8×45	M8×55	M10×60	M12×70	—
7	螺钉 GB/T 70—2000	6	—					M12×75
8	圆柱销 JB/T 119—2000	2	6×45	8×45	8×55	10×60	12×70	
9	卸料螺钉 JB/T 7650—1994	4	6×38	8×38	8×42	10×50	12×50	—
9	卸料螺钉 JB/T 7650—1994	6	—					12×55
10	弹簧 GB/T 2089—1994	4	设计选用。亦可以用橡胶、聚胺酯、碟形弹簧					
10	弹簧 GB/T 2089—1994	6						
11	螺钉 GB/T 70.1—2000	4	M6×55	M8×55	M8×65	M10×75	M12×85	—
11	螺钉 GB/T 70.1—2000	6	—					12×95
12	圆柱销 GB/T 119—2000	2	6×50	8×50	8×70	10×80	12×90	
13	圆柱销 GB/T 119—2000	2	6×40	8×40	8×40	10×45	12×60	

注：1. 摘自 JB/T 8066.1—1995。

2. 技术条件：按 JB/T 8069—1995 的规定。

表 7-9-5 复合模圆形厚凹模典型组合尺寸   mm

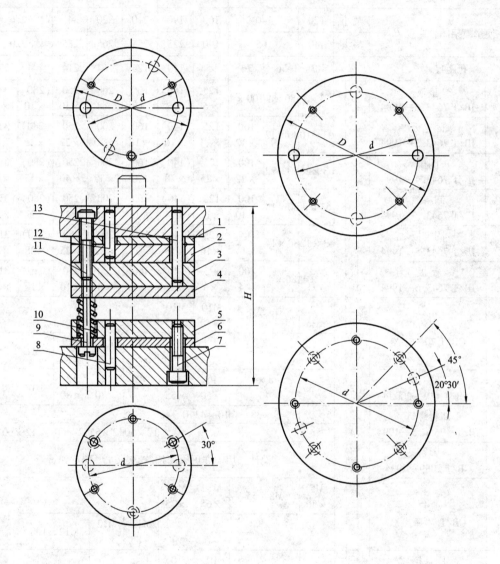

标记示例:

  凹模周界 $D = 125\text{mm}$、配用模架闭合高度 $H = 160 \sim 190\text{mm}$ 的圆形厚凹模典型组合:

  典型组合 $125 \times 160 \sim 190$ JB/T 8067.3—1995

凹模周界		63	80	100	125	(140)	160	200	250	(280)	315
凸模长度			34	34	42	46	51	56	62	68	70
使用模架闭合高度 H	最小		120	120	140	160	190	210	220	240	275
使用模架闭合高度 H	最大		140	140	165	190	225	255	265	285	320
孔距尺寸	d	47	56	76	95	110	124	164	214	244	279

零件件号、名称及标准编号 ／ 数量 ／ 规格

件号	名称及标准编号	数量	63	80	100	125	(140)	160	200	250	(280)	315
1	垫板 JB/T 7643.6—1994	1	63×4	80×4	100×4	125×6	(140)×6	160×8	200×8	250×10	(280)×10	315×10
2	固定板 JB/T 7643.5—1994	1	63×10	80×12	100×12	125×14	(140)×16	160×18	200×20	250×22	(280)×25	315×25
3	凹模 JB/T 7643.4—1994	1	63×20	80×22	100×22	125×25	(140)×28	160×32	200×35	250×40	(280)×45	315×45
4	卸料板 JB/T 7643.5—1994	1	63×8	80×10	100×10	125×12	(140)×14	160×16	200×18	250×20	(280)×22	315×22
5	固定板 JB/T 7643.5—1994	1	63×12	80×14	100×14	125×16	(140)×18	160×20	200×22	250×25	(280)×28	315×28
6	垫板 JB/T 7643.6—1994	1	63×4	80×4	100×4	125×4	(140)×6	160×6	200×8	250×8	(280)×10	315×10
7	螺钉 GB/T 70—2000	3	M5×35	M5×35	M8×40	M8×40	M10×50	M10×55	—	—	—	—
7		4							M12×65	M12×70	M12×80	M12×85
8	圆柱销 JB/T 119—2000	2	5×35	5×35	8×40	8×40	10×50	10×55	12×60	12×70	12×80	12×90
9	卸料螺钉 JB/T—7650.5—1994	3	5×32	5×32	8×38	8×38	10×42	10×48	—	—	—	—
9		4	—	—	—	—	—	—	12×50	12×55	12×60	12×60
10	弹簧 GB/T 2089—1994	3／4	设计选用。亦可以用橡胶、聚胺酯、碟形弹簧									
11	螺钉 GB/T 70—2000	3	M5×50	M5×50	M8×55	M8×55	M10×65	M10×75	—	—	—	—
11		4	—	—	—	—	—	—	M12×85	M12×90	M12×100	M12×100
12	圆柱销 GB/T 119—2000	2	5×40	5×40	8×40	8×40	10×45	10×50	12×60	12×60	12×70	12×70
13	圆柱销 GB/T 119—2000	2	5×55	5×55	8×60	8×60	10×70	10×85	12×90	12×90	12×100	12×100

注：1. 摘自 JB/T 8066.1—1995。

　　2. 括号内的尺寸尽可能不采用。

　　3. 技术条件：按 JB/T 8069—1995 的规定。

表 7 – 9 – 6　导板模横向送料典型组合尺寸　　　　　　　mm

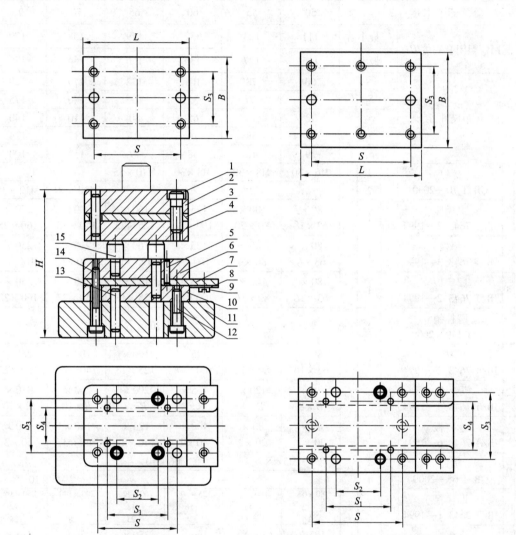

标记示例:

凹模周界　$L = 100\text{mm}$、$B = 80\text{mm}$,闭合高度 $H = 123 \sim 127\text{mm}$ 的横向送料典型组合:

典型组合　$100 \times 80 \times 123 \sim 127$ JB/T 8068.2—1995

凹模周界		L	80	100	125	160	200	250
		B	63	80	100	125	(140)	160
凸模长度			50	55	60	65	70	75
配用模架闭合高度 H		最小	111	123	132	149	158	170
		最大	115	127	136	156	164	176
孔距尺寸		S	60	78	101	132	170	220
		S_1	47	60	83	106	140	175
		S_2	32	42	65	80	110	140
		S_3	45	58	76	97	112	124
		S_4	29	42	58	77	112	100
零件件号、名称及标准编号	1 螺钉 GB/T 70—2000	1	M6×30	M8×30	M8×30	M10×35	—	
		2			—		M10×40	M12×35
	2 上模座 JB/T 7643.2—1994	1	80×63×18	100×80×20	125×100×20	160×125×25	200×140×25	250×160×25
	3 垫板 JB/T 7643.3—1994	1	80×63×6	100×80×6	125×100×6	160×125×6	200×140×6	250×160×8
	4 固定板 JB/T 7643.2—1994	1	80×63×16	100×80×16	125×100×18	160×125×18	200×140×22	250×160×22
	5 圆柱销 JB/T 119—2000	4	3×12		4×20		4×25	
	6 导板 JB/T 7643.2—1994	1	80×63×16	100×80×16	125×100×18	160×125×18	200×140×22	250×160×25
	7 导料板 JB/T 7648.5—1994	2	100×B×8	120×B×8	165×B×8	200×B×8	260×B×10	310×B×10
	8 承料板 JB/T 7648.6—1994	1	63×20×2	80×20×2	100×40×2	125×40×2	140×60×3	160×60×3
	9 螺钉 GB/T 65—2000	2	M5×8		M6×10		—	
		4			—		M6×10	
	10 凹模板 JB/T 7643.1—1994	1	80×63 ×12 ×16	100×80 ×12 ×16	125×100 ×16 ×20	160×125 ×18 ×25	200×140 ×22 ×28	250×160 ×22 ×28
	11 下模座 JB/T 7642.4—1994	1	125×80×25	(140)×100×30	160×125×30	250×160×35	250×200×35	315×200×40
	12 螺钉 GB/T 70—2000	4	M6×30	M8×30	M8×35	M10×35	M10×35	M12×45
	13 圆柱销 GB/T 119—2000	6	6×30	8×30	8×35	10×35	10×45	12×45
	14 螺钉 GB/T 70—2000	4	M6×50	M8×50	M8×60	M10×60	—	
		6			—		M10×75	M12×80
	15 限位柱 JB/T 7652.2—1994	2	12×15	12×20	16×20	20×25	25×25	

注：1. 摘自 JB/T 8068.2—1995。2. B 值设计时选定，导料板厚度仅供参考。3. 技术条件：按 JB/T 8069—1995 的规定。

7.10 标准滑动模架

表 7 − 10 − 1 对角导柱模架(GB/T2851.1—1990)　　　　　　　　　（mm）

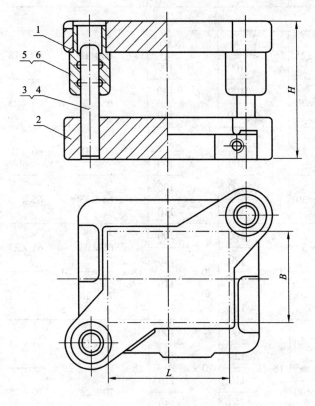

标记示例:
凹模周界 $L = 200\text{mm}$、$B = 125\text{mm}$ 闭合高度 H $= 170 \sim 205\text{mm}$、Ⅰ级精度的对角导柱模架;
模架 $200 \times 125 \times 170 \sim 205$ Ⅰ GB/T 2851.1
技术条件:按 JB/T 8050—1999 的规定

凹模周界		闭合高度（参考）H		零件件号、名称及标准编号					
				1	2	3	4	5	6
				上模座 GB/T 2855.1	下模座 GB/T 2855.2	导柱 GB/T 2861.1		导套 GB/T 2861.6	
				数　量					
L	B	最小	最大	1	1	1	1	1	1
				规格					
63	50	100	115	63×50×20	63×50×25	16× 90	18× 90	16× 60×18	18× 60×18
		110	125			100	100		
		110	130	63×50×25	63×50×30	100	100	65×23	65×23
		120	140			110	110		
63	63	100	115	63×63×20	63×63×25	90	90	60×18	60×18
		110	125			100	100		
		110	130	63×63×25	63×63×30	100	100	65×23	65×23
		120	140			110	110		
80	63	110	130	80×63×25	80×63×30	18× 100	20× 100	18× 65×23	20× 65×23
		130	150			120	120		
		120	145	80×63×30	80×63×40	110	110	70×28	70×28
		140	165			130	130		
100	63	110	130	100×63×25	100×63×30	18× 100	20× 100	18× 65×23	20× 65×23
		130	150			120	120		
		120	145	100×63×30	100×63×40	110	110	70×28	70×28
		140	165			130	130		

续表 7 – 10 – 1

凹模周界		闭合高度（参考）H		零件件号、名称及标准编号					
				1 上模座 GB/T 2855.1	2 下模座 GB/T 2855.2	3 导柱 GB/T 2861.1	4 导柱 GB/T 2861.1	5 导套 GB/T 2861.6	6 导套 GB/T 2861.6
				数量					
				1	1	1	1	1	1
L	B	最小	最大	规格					
80		110	130	80×80×25	80×80×30	20×100	22×100	20×65×23	22×65×23
		130	150			20×120	22×120		
		120	145	80×80×30	80×80×40	20×110	22×110	20×70×28	22×70×28
		140	165			20×130	22×130		
100	80	110	130	100×80×25	100×80×30	20×100	22×100	20×65×23	22×65×23
		130	150			20×120	22×120		
		120	145	100×80×30	100×80×40	20×110	22×110	20×70×28	22×70×28
		140	165			20×130	22×130		
125		110	130	125×80×25	125×80×30	20×100	22×100	20×65×23	22×65×23
		130	150			20×120	22×120		
		120	145	125×80×30	125×80×40	20×110	22×110	20×70×28	22×70×28
		140	165			20×130	22×130		
100		110	130	100×100×25	100×100×30	20×100	22×100	20×65×23	22×65×23
		130	150			20×120	22×120		
		120	145	100×100×30	100×100×40	20×110	22×110	20×70×28	22×70×28
		140	165			20×130	22×130		
125	100	120	150	125×100×30	125×100×35	22×110	25×110	22×80×28	25×80×28
		140	165			22×130	25×130		
		140	170	125×100×35	125×100×45	22×130	25×130	22×80×33	25×80×33
		160	190			22×150	25×150		
160		140	170	160×100×35	160×100×40	25×130	28×130	25×85×33	28×85×33
		160	190			25×150	28×150		
		160	195	160×100×40	160×100×50	25×150	28×150	25×90×38	28×90×38
		190	225			25×180	28×180		

凹模周界		闭合高度 （参考） H		零件件号、名称及标准编号					
				1	2	3	4	5	6
				上模座 GB/T 2855.1	下模座 GB/T 2855.2	导柱 GB/T 2861.1		导套 GB/T 2861.6	
				数　量					
L	B	最小	最大	1	1	1	1	1	1
				规格					
200		140	170	200 × 100 × 35	200 × 100 × 40	25 × 130 150	28 × 130 150	25 × 85 × 38	28 × 85 × 33
		160	190						
		160	195	200 × 100 × 40	200 × 100 × 50	150 180	150 180	90 × 38	90 × 38
		190	225						
125	125	120	150	125 × 125 × 30	125 × 125 × 35	22 × 110 130	25 × 110 130	22 × 80 × 28	25 × 80 × 28
		140	165						
		140	170	125 × 125 × 35	125 × 125 × 45	130 150	130 150	85 × 33	85 × 33
		160	190						

凹模周界 L	凹模周界 B	闭合高度(参考) H 最小	闭合高度(参考) H 最大	1 上模座 GB/T 2855.1	2 下模座 GB/T 2855.2	3 导柱 GB/T 2861.1	4 导柱 GB/T 2861.1	5 导套 GB/T 2861.6	6 导套 GB/T 2861.6
				数量 1	数量 1	数量 1	数量 1	数量 1	数量 1
160	125	140	170	160×125×35	160×125×40	25×130	28×130	25×85×33	28×85×33
		160	190			25×150	28×150		
		170	205	160×125×40	160×125×50	25×160	28×160	25×95×38	28×95×38
		190	225			25×180	28×180		
200	125	140	170	200×125×35	200×125×40	25×130	28×130	25×85×33	28×85×33
		160	190			25×150	28×150		
		170	205	200×125×40	200×125×50	25×160	28×160	25×95×38	28×95×38
		190	225			25×180	28×180		
250		160	200	250×125×40	250×125×45	28×150	32×150	28×100×38	32×100×38
		180	220			28×170	32×170		
		190	235	250×125×45	250×125×55	28×180	32×180	28×110×43	32×110×43
		210	255			28×200	32×200		
160	160	160	200	160×160×40	160×160×45	28×150	32×150	28×100×38	32×100×38
		180	220			28×170	32×170		
		190	235	160×160×45	160×160×55	28×180	32×180	28×110×43	32×110×43
		210	255			28×200	32×200		
200	160	160	200	200×160×40	200×160×45	28×150	32×150	28×100×38	32×100×38
		180	220			28×170	32×170		
		190	235	200×160×45	200×160×55	28×180	32×180	28×110×43	32×110×43
		210	255			28×200	32×200		
250		170	210	250×160×45	250×160×50	32×160	35×160	32×105×43	35×105×43
		200	240			32×190	35×190		
		200	245	250×160×50	250×160×60	32×190	35×190	32×115×48	35×115×48
		220	265			32×210	35×210		

凹模周界		闭合高度(参考) H		零件件号、名称及标准编号					
				1	2	3	4	5	6
				上模座 GB/T 2855.1	下模座 GB/T 2855.2	导柱 GB/T 2861.1		导套 GB/T 2861.6	
				数　量					
L	B	最小	最大	1	1	1	1	1	1
				规格					
200		170	210	200×200×45	200×200×50	32×160	35×160	30×105×43	35×105×43
		200	240			32×190	35×190		
		200	245	200×200×50	200×200×60	32×190	35×190	30×115×48	35×115×48
		220	265			32×210	35×210		
250	200	170	210	250×200×45	250×200×50	32×160	35×160	30×105×43	35×105×43
		200	240			32×190	35×190		
		200	245	250×200×50	250×200×60	32×190	35×190	30×115×48	35×115×48
		220	265			32×210	35×210		
315		190	230	315×200×45	315×200×55	35×180	40×180	35×115×43	40×115×43
		220	260			35×210	40×210		
		210	255	315×200×50	315×200×65	35×200	40×200	35×125×48	40×125×48
		240	285			35×230	40×230		
250	250	190	230	250×250×45	250×250×55	35×180	40×180	35×115×43	40×115×43
		220	260			35×210	40×210		
		270	255	250×250×50	250×250×65	35×200	40×200	35×125×48	40×125×48
		240	285			35×230	40×230		

续表 7 – 10 – 1

凹模周界		闭合高度（参考）H		零件件号、名称及标准编号					
				1	2	3	4	5	6
				上模座 GB/T 2855.1	下模座 GB/T 2855.2	导柱 GB/T 2861.1		导套 GB/T 2861.6	
				数　量					
L	B	最小	最大	1	1	1	1	1	1
				规格					
315	250	215	250	315×250×50	315×250×60	40 × 200	45 × 200	40 × 125×48	45 × 125×48
		245	280			40 × 230	45 × 230		
		245	290	315×250×55	315×250×70	40 × 230	45 × 230	40 × 140×53	45 × 140×53
		275	320			40 × 260	45 × 260		
400	250	215	250	400×250×50	400×250×60	40 × 200	45 × 200	40 × 125×48	45 × 125×48
		245	280			40 × 230	45 × 230		
		245	290	400×250×55	400×250×70	40 × 230	45 × 230	40 × 140×53	45 × 140×53
		275	320			40 × 260	45 × 260		
315	315	215	250	315×315×50	315×315×60	45 × 200	50 × 200	45 × 125×48	50 × 125×48
		245	280			45 × 230	50 × 230		
		245	290	315×315×55	315×315×70	45 × 230	50 × 230	45 × 140×53	50 × 140×53
		275	320			45 × 260	50 × 260		
400	315	245	290	400×315×55	400×315×65	45 × 230	50 × 230	45 × 140×58	50 × 140×58
		275	315			45 × 260	50 × 260		
		275	320	400×315×60	400×315×75	45 × 260	50 × 260	45 × 150×58	50 × 150×58
		305	350			45 × 290	50 × 290		
500	315	245	290	500×315×55	500×315×65	45 × 230	50 × 230	45 × 140×53	50 × 140×53
		275	315			45 × 260	50 × 260		
		275	320	500×315×60	500×315×75	45 × 260	50 × 260	45 × 150×58	50 × 150×58
		305	350			45 × 290	50 × 290		

凹模周界		闭合高度（参考）H		零件件号、名称及标准编号					
				1	2	3	4	5	6
				上模座 GB/T 2855.1	下模座 GB/T 2855.2	导柱 GB/T 2861.1		导套 GB/T 2861.6	
				数　量					
				1	1	1	1	1	1
L	B	最小	最大	规格					
400	400	245	290	400×400×55	400×400×65	45×230	50×230	45×140×53	50×140×53
		275	315			45×260	50×260		
		275	320	400×400×60	400×400×75	45×260	50×260	45×150×58	50×150×58
		305	350			45×290	50×290		
630	400	240	280	630×400×55	630×400×65	50×220	55×220	50×150×53	55×150×53
		270	305			50×250	55×250		
		270	310	630×400×65	630×400×80	50×250	55×250	50×160×63	55×160×63
		300	340			50×280	55×280		
500	500	260	300	500×500×55	500×500×65	50×240	55×240	50×150×53	55×150×53
		290	325			50×270	55×270		
		290	330	500×500×65	500×500×80	50×270	55×270	50×160×63	55×160×63
		320	360			50×300	55×300		

表 7 - 10 - 2　后侧导柱模架（GB/T 2851.3—1990）　　　　　　　（mm）

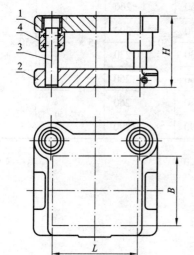

标记示例：
凹模周界 $L = 200$ mm、$B = 125$ mm、闭合高度 $H = 170 \sim 205$ mm、I 级精度的后侧导柱模架：
模架 $200 \times 125 \times 170 \sim 205$ I GB/T 2851.3
技术条件：按 JB/T 8050—1999 的规定

凹模周界		闭合高度（参考）H		零件件号、名称及标准编号			
				1	2	3	4
				上模座 GB/T 2855.5	下模座 GB/T 2855.6	导柱 GB/T 2861.1	导套 GB/T 2861.6
				数　量			
				1	1	2	2
L	B	最小	最大	规格			
63	50	100	115	$63 \times 50 \times 20$	$63 \times 50 \times 25$	$16 \times$ 90	$16 \times$ 60×18
		110	125			100	
		110	130	$60 \times 50 \times 25$	$63 \times 50 \times 30$	100	65×23
		120	140			110	
63	63	100	115	$63 \times 63 \times 20$	$63 \times 63 \times 25$	90	60×18
		110	125			100	
		110	130	$63 \times 63 \times 25$	$63 \times 63 \times 30$	100	65×23
		120	140			110	
80	63	110	130	$80 \times 63 \times 25$	$80 \times 63 \times 30$	$18 \times$ 100	$18 \times$ 65×23
		130	150			120	
		120	145	$80 \times 63 \times 30$	$80 \times 63 \times 40$	110	70×28
		140	165			130	
100	63	110	130	$100 \times 63 \times 25$	$100 \times 63 \times 30$	$18 \times$ 100	$18 \times$ 65×23
		130	150			120	
		120	145	$100 \times 63 \times 30$	$100 \times 63 \times 40$	110	70×28
		140	165			130	

凹模周界		闭合高度（参考）H		零件件号、名称及标准编号			
				1	2	3	4
				上模座 GB/T 2855.5	下模座 GB/T 2855.6	导柱 GB/T 2861.1	导套 GB/T 2861.6
				数　量			
				1	1	2	2
L	B	最小	最大	规格			
80		110	130	80 × 80 × 25	80 × 80 × 30	100	65 × 23
		130	150			120	
		120	145	80 × 80 × 30	80 × 80 × 40	110	70 × 28
		140	165			130	
100	80	110	130	100 × 80 × 25	100 × 80 × 30	100	65 × 23
		130	150			120	
		120	145	100 × 80 × 30	100 × 80 × 40	110	70 × 28
		140	165			130	
125		110	130	125 × 80 × 25	125 × 80 × 30	100	65 × 23
		130	150			120	
		120	145	125 × 80 × 30	125 × 80 × 40	110	70 × 28
		140	165			130	
100		110	130	100 × 100 × 25	100 × 100 × 30	100	65 × 23
		130	150			120	
		120	145	100 × 100 × 30	100 × 100 × 40	110	70 × 28
		140	165			130	
125	100	120	150	125 × 100 × 30	125 × 100 × 35	110	80 × 28
		140	165			130	
		140	170	125 × 100 × 35	125 × 100 × 45	130	80 × 33
		160	190			150	
160		140	170	160 × 100 × 35	160 × 100 × 40	130	85 × 33
		160	190			150	
		160	195	160 × 100 × 40	160 × 100 × 50	150	90 × 38
		190	225			180	

（导柱列：80～125 段为 20 ×；125 段为 22 ×；160 段为 25 ×。导套列同：20 ×、22 ×、25 ×）

凹模周界		闭合高度（参考）H		零件件号、名称及标准编号			
				1	2	3	4
				上模座 GB/T 2855.5	下模座 GB/T 2855.6	导柱 GB/T 2861.1	导套 GB/T 2861.6
				数　量			
				1	1	2	2
L	B	最小	最大	规格			
200	100	140	170	$200 \times 100 \times 35$	$200 \times 100 \times 40$	$25 \times$ 130	$25 \times$ 85 × 33
		160	190			150	
		160	195	$200 \times 100 \times 40$	$200 \times 100 \times 50$	150	90 × 38
		190	225			180	
125	125	120	150	$125 \times 125 \times 30$	$125 \times 125 \times 35$	$22 \times$ 110	$22 \times$ 80 × 28
		140	165			130	
		140	170	$125 \times 125 \times 35$	$125 \times 125 \times 45$	130	85 × 33
		160	190			150	
160	125	140	170	$160 \times 125 \times 35$	$160 \times 125 \times 40$	$25 \times$ 130	$25 \times$ 85 × 33
		160	190			150	
		170	205	$160 \times 125 \times 40$	$160 \times 125 \times 50$	160	95 × 38
		190	225			180	
200		140	170	$200 \times 125 \times 35$	$200 \times 125 \times 40$	130	85 × 33
		160	190			150	
		170	205	$200 \times 125 \times 40$	$200 \times 125 \times 50$	160	95 × 38
		190	225			180	

凹模周界		闭合高度（参考）H		零件件号、名称及标准编号			
				1	2	3	4
				上模座 GB/T 2855.5	下模座 GB/T 2855.6	导柱 GB/T 2861.1	导套 GB/T 2861.6
				数　量			
L	B	最小	最大	1	1	2	2
				规格			
250	125	160	200	250×125×40	250×125×45	150	100×38
		180	220			170	
		190	235	250×125×45	250×125×55	180	110×43
		210	255			200	
160	160	160	200	160×160×40	160×160×45	150	100×38
		180	220			170	
		190	235	160×160×45	160×160×55	180	110×43
		210	255			200	
200	160	160	200	200×160×40	200×160×45	150	100×38
		180	220			170	
		190	235	200×160×45	200×160×55	180	110×43
		210	255			200	
250	160	170	210	250×160×45	250×160×50	160	105×43
		200	240			190	
		200	245	250×160×50	250×160×60	190	115×48
		220	265			210	
200	200	170	210	200×200×45	200×200×50	160	105×43
		200	240			190	
		200	245	200×200×50	200×200×60	190	115×48
		220	265			210	
250	200	170	210	250×200×45	250×200×50	160	105×43
		200	240			190	
		200	245	250×200×50	250×200×60	190	115×48
		220	265			210	

注：导柱规格中，上部四组为 28×，下部两组为 32×；导套规格同。

续表 7 – 10 – 2

凹模周界		闭合高度（参考）H		零件件号、名称及标准编号			
				1	2	3	4
				上模座 GB/T 2855.5	下模座 GB/T 2855.6	导柱 GB/T 2861.1	导套 GB/T 2861.6
				数　量			
				1	1	2	2
L	*B*	最小	最大	规格			
315	200	190	230	315×200×45	315×200×55	35×180	35×115×43
		220	260			35×210	35×115×43
		210	255	315×200×50	315×200×65	35×200	35×125×48
		240	285			35×230	35×125×48
250		190	230	250×250×45	250×250×55	35×180	35×115×43
		220	260			35×210	35×115×43
		210	255	250×250×50	250×250×65	35×200	35×125×48
		240	285			35×230	35×125×48
315	250	215	250	315×250×50	315×250×60	40×200	40×125×48
		245	280			40×230	40×125×48
		245	290	315×250×55	315×250×70	40×230	40×140×53
		275	320			40×260	40×140×53
400		215	250	400×250×50	400×250×60	40×200	40×125×48
		245	280			40×230	40×125×48
		245	290	400×250×55	400×250×70	40×230	40×140×53
		275	320			40×260	40×140×53

表 7 – 10 – 3　后侧导柱窄形模架(GB/T 2851.4—1990)　　　　　　　　(mm)

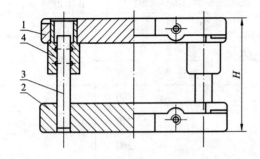

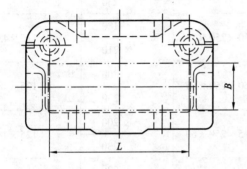

标记示例:

凹模周界 $L = 355$mm、$B = 125$mm、闭合高度 $H = 200$
~245mm、I 级精度的后侧导柱窄形模架:

模架 $355 \times 125 \times 200 \sim 245$I GB/T 2851.4

技术条件:按 JB/T 8050—1999 的规定

续表 7 – 10 – 5

凹模周界		闭合高度（参考）H		零件件号、名称及标准编号			
				1	2	3	4
				上模座 GB/T 2855.5	下模座 GB/T 2855.6	导柱 GB/T 2861.1	导套 GB/T 2861.6
				数 量			
				1	1	2	2
L	B	最小	最大	规格			
250	80	170	210	250 × 80 × 45	250 × 80 × 50	32 × 160	32 × 105 × 43
		200	240			32 × 190	
315	80	170	210	315 × 80 × 45	315 × 80 × 50	35 × 160	35 × 105 × 43
		200	240			35 × 190	
315	100	200	245	315 × 100 × 45	315 × 100 × 55	35 × 190	35 × 115 × 43
		220	265			35 × 210	
400	100	200	245	400 × 100 × 50	400 × 100 × 60	40 × 190	40 × 115 × 48
		220	265			40 × 210	
355	125	200	245	355 × 125 × 50	355 × 125 × 60	40 × 190	40 × 115 × 48
		220	265			40 × 210	
500	125	210	255	500 × 125 × 50	500 × 125 × 65	45 × 200	45 × 125 × 48
		240	285			45 × 230	
500	160	245	290	500 × 160 × 55	500 × 160 × 70	50 × 230	50 × 140 × 53
		275	320			50 × 260	
710	160	245	290	710 × 160 × 55	710 × 160 × 70	50 × 230	50 × 140 × 53
		275	320			50 × 260	
630	200	275	320	630 × 200 × 60	630 × 200 × 75	55 × 250	55 × 160 × 58
		305	350			55 × 280	
800	200	275	320	800 × 200 × 60	800 × 200 × 75	55 × 250	55 × 160 × 58
		305	350			55 × 280	

表 7 – 10 – 4　中间导柱模架(GB/T 2851.5—1990)　　　　　　　　（mm）

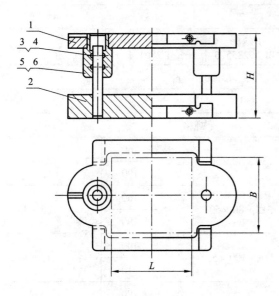

标记示例：

凹模周界 $L = 250$mm、$B = 200$mm、闭合高度 $H = 200$ ~ 245mm、I 级精度的中间导柱模架：

模架 250 × 200 × 200 ~ 245I GB/T 2851.5

技术条件：按 JB/T 8050—1999 的规定

凹模周界		闭合高度（参考）H		零件件号、名称及标准编号					
				1	2	3	4	5	6
				上模座 GB/T 2855.1	下模座 GB/T 2855.2	导柱 GB/T 2861.1		导套 GB/T 2861.6	
				数　量					
L	B	最小	最大	1	1	1	1	1	1
				规格					
63	50	100	115	63 × 50 × 20	63 × 50 × 25	90	90	60 × 18	60 × 18
		110	125			100	100		
		110	130	63 × 50 × 25	63 × 50 × 30	100	100	65 × 23	65 × 23
		120	140			110	110	16 ×	18 ×
63	63	100	115	63 × 63 × 20	63 × 63 × 25	90	90	60 × 18	60 × 18
		110	125			100	100		
		110	130	63 × 63 × 25	63 × 63 × 30	100	100	65 × 23	65 × 23
		120	140			110	110		

（导柱栏：16 ×　18 ×）

续表 7 – 10 – 4

凹模周界		闭合高度（参考）H		零件件号、名称及标准编号					
				1 上模座 GB/T 2855.1	2 下模座 GB/T 2855.2	3 导柱 GB/T 2861.1	4 导柱 GB/T 2861.1	5 导套 GB/T 2861.6	6 导套 GB/T 2861.6
				数量					
L	B	最小	最大	1	1	1	1	1	1
				规格					
80	63	110	130	80×63×25	80×63×30	18×100	20×100	18×65×23	20×65×23
		130	150	80×63×25	80×63×30	18×120	20×120	18×65×23	20×65×23
		120	145	80×63×30	80×63×40	18×110	20×110	18×70×28	20×70×28
		140	165	80×63×30	80×63×40	18×130	20×130	18×70×28	20×70×28
100	63	110	130	100×63×25	100×63×30	18×100	20×100	18×65×23	20×65×23
		130	150	100×63×25	100×63×30	18×120	20×120	18×65×23	20×65×23
		120	145	100×63×30	100×63×40	18×110	20×110	18×70×28	20×70×28
		140	165	100×63×30	100×63×40	18×130	20×130	18×70×28	20×70×28
80	80	110	130	80×80×25	80×80×30	20×100	22×100	20×65×23	22×65×23
		130	150	80×80×25	80×80×30	20×120	22×120	20×65×23	22×65×23
		120	145	80×80×30	80×80×30	20×110	22×110	20×70×28	22×70×28
		140	165	80×80×30	80×80×30	20×130	22×130	20×70×28	22×70×28
100	80	110	130	100×80×25	100×80×40	20×100	22×100	20×65×23	22×65×23
		130	150	100×80×25	100×80×40	20×120	22×120	20×65×23	22×65×23
		120	145	100×80×30	100×80×40	20×110	22×110	20×70×28	22×70×28
		140	165	100×80×30	100×80×40	20×130	22×130	20×70×28	22×70×28
125		110	130	125×80×25	125×80×30	20×100	22×100	20×65×23	22×65×23
		130	150	125×80×25	125×80×30	20×120	22×120	20×65×23	22×65×23
		120	145	125×80×30	125×80×40	20×110	22×110	20×70×28	22×70×28
		140	165	125×80×30	125×80×40	20×130	22×130	20×70×28	22×70×28

凹模周界		闭合高度（参考）H		零件件号、名称及标准编号					
				1	2	3	4	5	6
				上模座 GB/T 2855.1	下模座 GB/T 2855.2	导柱 GB/T 2861.1		导套 GB/T 2861.6	
				数　量					
				1	1	1	1	1	1
L	B	最小	最大	规格					
100	100	110	130	100×100×25	100×100×30	20×100	22×100	65×23	65×23
		130	150	100×100×25	100×100×30	20×120	22×120	65×23	65×23
		120	145	100×100×30	100×100×40	20×110	22×110	70×28	70×28
		140	165	100×100×30	100×100×40	20×130	22×130	70×28	70×28
125	100	120	150	125×100×30	125×100×35	22×110	25×110	80×28	80×28
		140	165	125×100×30	125×100×35	22×130	25×130	80×28	80×28
		140	170	125×100×35	125×100×45	22×130	25×130	80×33	80×33
		160	190	125×100×35	125×100×45	22×150	25×150	80×33	80×33
160	100	140	170	160×100×35	160×100×40	25×130	28×130	85×33	85×33
		160	190	160×100×35	160×100×40	25×150	28×150	85×33	85×33
		160	195	160×100×40	160×100×50	25×150	28×150	90×38	90×38
		190	225	160×100×40	160×100×50	25×180	28×180	90×38	90×38
200	100	140	170	200×100×35	200×100×40	25×130	28×130	85×33	85×33
		160	190	200×100×35	200×100×40	25×150	28×150	85×33	85×33
		160	195	200×100×40	200×100×50	25×150	28×150	90×38	90×38
		190	225	200×100×40	200×100×50	25×180	28×180	90×38	90×38

续表 7-10-4

凹模周界		闭合高度（参考）H		零件件号、名称及标准编号					
				1	2	3	4	5	6
				上模座 GB/T 2855.1	下模座 GB/T 2855.2	导柱 GB/T 2861.1		导套 GB/T 2861.6	
				数　量					
				1	1	1	1	1	1
L	B	最小	最大	规格					
125		120	150	125×125×30	125×125×35	22 × 110	25 × 110	22 × 80×28	25 × 80×28
		140	165			130	130		
		140	170	125×125×35	125×125×45	130	130	85×33	85×33
		160	190			150	150		
160	125	140	170	160×125×35	160×125×40	25 × 130	28 × 130	25 × 85×33	28 × 85×33
		160	190			150	150		
		170	205	160×125×40	160×125×50	160	160	95×38	95×38
		190	225			180	180		
200		140	170	200×125×35	200×125×40	130	130	85×33	85×33
		160	190			150	150		
		170	205	200×125×40	200×125×50	160	160	95×38	95×38
		190	225			180	180		
250		160	200	250×125×40	250×125×45	28 × 150	32 × 150	28 × 100×38	32 × 100×38
		180	220			170	170		
		190	235	250×125×45	250×125×55	180	180	110×43	110×43
		210	255			200	200		
160	160	160	200	160×160×40	160×160×45	150	150	100×38	100×38
		180	220			170	170		
		190	235	160×160×45	160×160×55	180	180	110×43	110×43
		210	255			200	200		

凹模周界		闭合高度（参考）H		零件件号、名称及标准编号					
				1	2	3	4	5	6
				上模座 GB/T 2855.1	下模座 GB/T 2855.2	导柱 GB/T 2861.1		导套 GB/T 2861.6	
				数　量					
L	B	最小	最大	1	1	1	1	1	1
				规格					
200	160	160	200	200×160×40	200×160×45	28× 150	32× 150	28× 100×38	32× 100×38
		180	220			170	170		
		190	235	200×160×45	200×160×55	180	180	110×43	110×43
		210	255			200	200		
250		170	210	250×160×45	250×160×50	32× 160	35× 160	32× 105×43	35× 105×43
		200	240			190	190		
		200	245	250×160×50	250×160×60	190	190	115×48	115×48
		220	265			210	210		

续表 7 – 10 – 4

凹模周界		闭合高度(参考) H		零件件号、名称及标准编号					
				1	2	3	4	5	6
				上模座 GB/T 2855.1	下模座 GB/T 2855.2	导柱 GB/T 2861.1		导套 GB/T 2861.6	
				数　量					
L	B	最小	最大	1	1	1	1	1	1
				规格					
200	200	170	210	200×200×45	200×200×50	32×160	35×160	32×105×43	35×105×43
		200	240			32×190	35×190		
		200	245	200×200×50	200×200×60	32×190	35×190	32×115×48	35×115×48
		220	265			32×210	35×210		
250	200	170	210	250×200×45	250×200×50	32×160	35×160	32×105×43	35×105×43
		200	240			32×190	35×190		
		200	245	250×200×50	250×200×60	32×190	35×190	32×115×48	35×115×48
		220	256			32×210	35×210		
315	200	190	230	315×200×45	315×200×55	35×180	40×180	35×115×43	40×115×43
		220	260			35×210	40×210		
		210	255	315×200×50	315×200×65	35×200	40×200	35×125×48	40×125×48
		240	285			35×230	40×230		
250	250	190	230	250×250×45	250×250×55	35×180	40×180	35×115×43	40×115×43
		220	260			35×210	40×210		
		210	265	250×250×50	250×250×65	35×200	40×200	35×125×48	40×125×48
		240	285			35×230	40×230		
315	250	215	250	315×250×50	315×250×60	40×200	45×200	40×125×48	45×125×48
		245	280			40×230	45×230		
		245	290	315×250×55	315×250×70	40×230	45×230	40×140×53	45×140×53
		275	320			40×260	45×260		
400	250	215	250	400×250×50	400×250×60	40×200	45×200	40×125×48	45×125×48
		245	280			40×230	45×230		
		245	290	400×250×55	400×250×70	40×230	45×230	40×140×53	45×140×53
		275	320			40×260	45×260		

零件件号、名称及标准编号

凹模周界 L	B	闭合高度（参考）H 最小	最大	1 上模座 GB/T 2855.1	2 下模座 GB/T 2855.2	3 导柱 GB/T 2861.1	4 导柱 GB/T 2861.1	5 导套 GB/T 2861.6	6 导套 GB/T 2861.6
				数量 1	数量 1	数量 1	数量 1	数量 1	数量 1
315	315	215	250	315×315×50	315×315×60	200	200	125×48	125×48
		245	280			230	230		
		245	290	315×315×55	315×315×70	230	230	140×53	140×53
		275	320			260	260		
400		245	290	400×315×55	400×315×65	45×230	50×230	45×140×53	50×140×53
		275	315			45×260	50×260		
		275	320	400×315×60	400×315×75	45×260	50×260	45×150×58	50×150×58
		305	350			45×290	50×290		
500		245	290	500×315×55	500×315×65	45×230	50×230	45×140×53	50×140×53
		275	315			45×260	50×260		
		275	320	500×315×60	500×315×75	45×260	50×260	45×150×58	50×150×58
		305	350			45×290	50×290		
400	400	245	290	400×400×55	400×400×65	45×230	50×230	45×140×53	50×140×53
		275	315			45×260	50×260		
		275	320	400×400×60	400×400×75	45×260	50×260	45×150×58	50×150×58
		305	350			45×290	50×290		
630		240	280	630×400×55	630×400×65	50×220	55×220	50×150×53	55×150×53
		270	305			50×250	55×250		
		270	310	630×400×65	630×400×80	50×250	55×250	50×160×63	55×160×63
		300	340			50×280	55×280		
500	500	260	300	500×500×55	500×500×65	50×240	55×240	50×150×53	55×150×53
		290	325			50×270	55×270		
		290	330	500×500×65	500×500×80	50×270	55×270	50×160×63	55×160×63
		320	360			50×300	55×300		

表 7 – 10 – 5　中间导柱圆形模架(GB/T 2851.6—1990)　　　　　　　(mm)

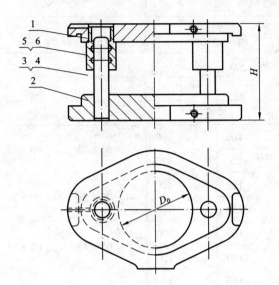

标记示例:

凹模周界 D_0 = 200mm、闭合高度 H = 200 ~ 245mm、Ⅰ级精度的中间导柱圆形模架:

模架 200 × 200 ~ 245Ⅰ GB/T 2851.6

技术条件:按 JB/T 8050—1999 的规定

凹模周界	闭合高度 (参考) H		零件件号、名称及标准编号					
			1	2	3	4	5	6
			上模座 GB/T 2855.11	下模座 GB/T 2855.12	导柱 GB/T 2861.1		导套 GB/T 2861.6	
			数　量					
D_0	最小	最大	1	1	1	1	1	1
			规格					
63	100	115	63 × 20	63 × 25	16 × 	90 100 100 110	18 × 	90 100 100 110	16 × 	60 × 18 65 × 23	18 × 	60 × 18 65 × 23
	110	125						
	110	130	63 × 25	63 × 30				
	120	140						

凹模周界	闭合高度(参考) H		零件件号、名称及标准编号					
			1	2	3	4	5	6
			上模座 GB/T 2855.11	下模座 GB/T 2855.12	导柱 GB/T 2861.1		导套 GB/T2 861.6	
			数　量					
D_0	最小	最大	1	1	1	1	1	1
			规格					
80	110	130	80 × 25	80 × 30	20 × 100	22 × 100	20 × 65 × 23	22 × 65 × 23
	130	150			120	120		
	120	145	80 × 30	80 × 40	110	110	70 × 28	70 × 28
	140	165			130	130		
100	110	130	100 × 25	100 × 30	20 × 100	22 × 100	20 × 65 × 23	22 × 65 × 23
	130	150			120	120		
	120	145	100 × 30	100 × 40	110	110	70 × 28	70 × 28
	140	165			130	130		
125	120	150	125 × 30	125 × 35	22 × 110	25 × 110	22 × 80 × 28	25 × 80 × 28
	140	165			130	130		
	140	170	125 × 35	125 × 45	130	130	85 × 33	85 × 33
	160	190			150	150		
160	160	200	160 × 40	160 × 45	28 × 150	32 × 150	28 × 100 × 38	32 × 100 × 38
	180	220			170	170		
	190	235	160 × 45	160 × 55	180	180	110 × 43	110 × 43
	210	255			200	200		
200	170	210	200 × 45	200 × 50	32 × 160	35 × 160	32 × 105 × 43	35 × 105 × 43
	200	240			190	190		
	200	245	200 × 50	200 × 60	190	190	115 × 48	115 × 48
	220	265			210	210		
250	190	230	250 × 45	250 × 55	35 × 180	40 × 180	35 × 115 × 43	40 × 115 × 43
	220	260			210	210		
	210	255	250 × 50	250 × 65	200	200	125 × 48	125 × 48
	240	280			230	230		

凹模周界	闭合高度（参考）H		零件件号、名称及标准编号					
			1	2	3	4	5	6
			上模座 GB/T 2855.11	下模座 GB/T 2855.12	导柱 GB/T 2861.1		导套 GB/T 2861.6	
			数　量					
			1	1	1	1	1	1
D_0	最小	最大	规格					
315	215	250	315×50	315×60	45×200	50×200	45×125×48	50×125×48
	245	280	315×50	315×60	45×230	50×230	45×125×48	50×125×48
	245	290	315×55	315×70	45×230	50×230	45×140×53	50×140×53
	275	320	315×55	315×70	45×260	50×260	45×140×53	50×140×53
400	245	290	400×55	400×65	45×230	50×230	45×140×53	50×140×53
	275	315	400×55	400×65	45×260	50×260	45×140×53	50×140×53
	275	320	400×60	400×75	45×260	50×260	45×150×58	50×150×58
	305	350	400×60	400×75	45×290	50×290	45×150×58	50×150×58
500	260	300	500×55	500×65	50×240	55×240	50×150×53	55×150×53
	290	325	500×55	500×65	50×270	55×270	50×150×53	55×150×53
	290	330	500×65	500×80	50×270	55×270	50×160×63	55×160×63
	320	360	500×65	500×80	50×300	55×300	50×160×63	55×160×63
630	270	310	630×60	630×70	55×250	60×250	55×160×58	60×160×58
	300	340	630×60	630×70	55×280	60×280	55×160×58	60×160×58
	310	350	630×75	630×90	55×290	60×290	55×170×73	60×170×73
	340	380	630×75	630×90	55×320	60×320	55×170×73	60×170×73

表 7 – 10 – 6　四导柱模架（GB/T 2851.7—1990）　　　　　　　（mm）

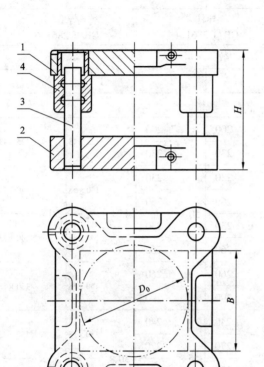

标记示例：

凹模周界 $L = 250$mm、$B = 200$mm、闭合高度 $H = 200$
～245mm、I 级精度的四导柱模架：

模架 $355 \times 125 \times 200 \sim 245$I GB/T 2851.7

技术条件：按 JB/T 8050—1999 的规定

凹模周界			闭合高度（参考）H		零件件号、名称及标准编号			
					1	2	3	4
					上模座 GB/T 2855.13	下模座 GB/T 2855.14	导柱 GB/T 2861.1	导套 GB/T 2861.6
					数　量			
					1	1	4	4
L	B	D_0	最小	最大	规格			
160	125	160	140	170	160×125×35	160×125×40	25×130	85×33
			160	190			25×150	
			170	205	160×125×40	160×125×50	25×160	95×38
			190	225			25×180	
200	160	200	160	200	200×160×40	200×160×45	28×150	100×38
			180	220			28×170	
			190	235	200×160×45	200×160×55	28×180	110×43
			210	255			28×200	
250		—	170	210	250×160×45	250×160×50	32×160	105×43
			200	240			32×190	
			200	245	250×160×50	250×160×60	32×190	115×48
			220	265			32×210	
250	200	250	170	210	250×200×45	250×200×50	32×160	105×43
			200	240			32×190	
			200	245	250×200×50	250×200×60	32×190	115×48
			220	265			32×210	
315		—	190	230	315×200×45	315×200×55	35×180	115×43
			220	260			35×210	
			210	255	315×200×50	315×200×65	35×200	125×48
			240	285			35×230	

凹模周界			闭合高度(参考) H		零件件号、名称及标准编号			
					1	2	3	4
					上模座 GB/T 2855.13	下模座 GB/T 2855.14	导柱 GB/T 2861.1	导套 GB/T 2861.6
					数　　量			
					1	1	4	4
L	B	D_0	最小	最大	规　格			
315	250	—	215	250	315×250×50	315×250×60	40×200	125×48
			245	280			40×230	
			245	290	315×250×55	315×250×70	40×230	140×53
			275	320			40×260	
400			215	250	400×250×50	400×250×60	40×200	125×48
			245	280			40×230	
			245	290	400×250×55	400×250×70	40×230	140×53
			275	320			40×260	
400	315	—	245	290	400×315×55	400×315×65	45×230	140×53
			275	315			45×260	
			275	320	400×315×60	400×315×75	45×260	150×58
			305	350			45×290	
500			245	290	500×315×55	500×315×65	45×230	140×53
			275	315			45×260	
			275	320	500×315×60	500×315×75	45×260	150×58
			305	350			45×290	
630	315		260	300	630×315×55	630×315×65	50×240	150×53
			290	325			50×270	
			290	330	630×315×65	630×315×80	50×270	160×63
			320	360			50×300	
500	400	—	260	300	500×400×55	500×400×65	50×240	150×53
			290	325			50×270	
			290	330	500×400×65	500×400×80	50×270	160×63
			320	360			50×300	
630			260	300	630×400×55	630×400×65	50×240	150×53
			290	325			50×270	
			290	330	630×400×65	630×400×80	50×270	160×63
			320	360			50×300	

7.11　冲模模架标准零件

滑动导向模座

表 7 – 11 – 1　对角导柱上模座 GB/T 2855.1—1990）　　　　　　（mm）

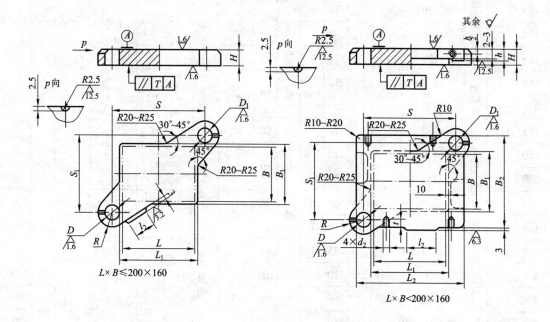

标记示例：
凹模周界 $L = 200$mm、$B = 160$mm、闭合高度 $H = 45$mm 的对角导柱上模座：
上模座 200 × 160 × 45 GB/T 2855.1
材料：HT200
技术条件：按 JB/T 8070—1995 的规定

凹模周界		H	h	L_1	B_1	L_2	B_2	S	S_1	R	l_2	D(H7)		D_1(H7)		d_2	t	S_2
L	B											基本尺寸	极限偏差	基本尺寸	极限偏差			
63	50	20/25		70	60			100	85	28	40	25		28	+0.021 0			
63		20/25		70					95				+0.021 0	28				
80	63	25/30		90	70			120	105	32		28		32				
100		25/30		110				140						32				
80	80	25/30		90				125	125	35	60	32		35				
100	80	25/30		110	90			145										
125		25/30	—	130				170							+0.025 0	—	—	—
100	100	25/30		110				145	145			32	+0.025 0	35				
125	100	30/35		130	110			170		38		35		38				
160		35/40		170				210	150	42	80	38		42				
200		35/40		210				250										
125	125	30/35		130				170		38	60	35		38				
160	125	35/40		170	130			210	175	42	80	38		42				
200		35/40		210				250										
250	125	40/45		260	130			305	180	45	100	42		45				
160	160	40/45	—	170				215	215		80	42		45		—	—	—
200	160	40/45		210	170			255	215	45	80	2		45	+0.025 0			
250		45/50		260		360	230	310	220		100		+0.025 0	50				210
200	200	45/50		210		320		260	260	50	80	45		50		M14 6H	28	180
250	200	45/50	30	260	210	370	270	310									220
315		45/50		325		435		380	265			50		55				280
250	250	45/50		260		380		315	315	55		50		55		M16 6H	32	210
315	250	50/55		325	260	445	330	385	320	60		55		60				290
400		50/55	35	410		540		470										350
315		50/55		325		460		390	390		100				+0.030 0			280
400	315	55/60		410	325	550	400	475		65		60	+0.030 0	65		M20 6H	40	340
500		55/60		510		655		575	475									460
400	400	55/60	40	410		560	490	475	480									370
630		55/65		640	410	780		710	580	70		65		70				580
500	500	55/65		510	510	650	590	580										460

注：压板台的形状和平面尺寸由制造厂决定。

表 7 – 11 – 2　对角导柱下模座(GB/T 2855. 2—1990)　　　　　mm

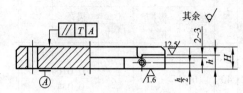

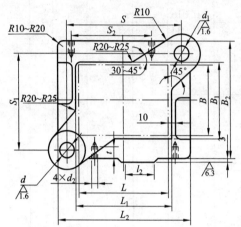

标记示例:
凹模周界 $L = 250$mm、$B = 20$mm、厚度 $H = 60$mm 的
对角导柱下模座:
下模座 $250 \times 200 \times 60$GB/T 2855. 2
材料:HT200
技术条件:按 JB/T 8070—1995 的规定

续表 7－11－2

| 凹模周界 | | H | h | L₁ | B₁ | L₂ | B₂ | S | S₁ | R | l₂ | d(R7) | | d₁(R7) | | d₂ | t | S₂ |
L	B											基本尺寸	极限偏差	基本尺寸	极限偏差			
63	50	25	20	70	60	125	100	100	85	28	40	16	−0.016 −0.034	18	−0.016 −0.034	—	—	—
		30																
63		25		70		130	110		95									
		30																
80	63	30		90	70	150	120		105	32		18		20				
		40																
100		30		110		170	140											
		40																
80	80	30	25	90	90	150	125	145	125	35	60	20	−0.020 −0.041	22	−0.020 −0.041			
		40																
100	80	30		110		170	140											
		40																
125		30		130		200	170											
		40																
100	100	30		110	110	180	160	145	145	38		22		25				
		40																
125		35		130		200		170										
		45																
160		40	30	170		240		210	150	42	80	25		28				
		50																
200		45		210		280		250										
		50																
125	125	35	25	130	130	200	190	170		38	60	22		25				
		45																
160		40	30	170		250		210	175	42	80	25		28				
		50																
200		40		210		290		250										
		50																
250	160	45	35	260	170	340	230	305	180	45	100	28		32				
		55																
160	160	45		170	170	270	230	215	215		80							
		55																

凹模周界 L	凹模周界 B	H	h	L_1	B_1	L_2	B_2	S	S_1	R	l_2	d(R7) 基本尺寸	d(R7) 极限偏差	d_1(R7) 基本尺寸	d_1(R7) 极限偏差	d_2	t	S_2
200	160	45/50	35	210	170	310	230	255	215	45	80	28	−0.020 −0.041	32	−0.025 −0.050	—	—	—
250	160	50/60	35	260	170	360	230	310	220	45	100	28	−0.020 −0.041	32	−0.025 −0.050	—	—	210
200	200	50/60	40	210	210	320	270	260	260	50	80	32	−0.025 −0.050	35	−0.025 −0.050	M14 − 6H	28	180
250	200	50/60	40	260	210	370	270	310	260	50	100	32	−0.025 −0.050	35	−0.025 −0.050	M14 − 6H	28	220
315	200	55/65	40	325	210	435	270	380	265	55	100	35	−0.025 −0.050	40	−0.025 −0.050	M14 − 6H	28	280
250	250	55/65	40	260	260	380	330	315	315	55	100	35	−0.025 −0.050	40	−0.025 −0.050	M16 − 6H	32	210
315	250	60/70	40	325	260	445	330	385	320	60	100	40	−0.025 −0.050	45	−0.025 −0.050	M16 − 6H	32	290
400	250	60/70	40	410	260	540	330	470	320	60	100	40	−0.025 −0.050	45	−0.025 −0.050	M16 − 6H	32	350
315	315	60/70	45	325	325	460	400	390	390	60	100	45	−0.025 −0.050	50	−0.025 −0.050	M20 − 6H	40	280
400	315	65/75	45	410	325	550	400	475	390	65	100	45	−0.025 −0.050	50	−0.025 −0.050	M20 − 6H	40	340
500	315	65/75	45	510	325	655	400	575	390	65	100	45	−0.025 −0.050	50	−0.025 −0.050	M20 − 6H	40	460
400	400	65/75	45	410	410	560	490	475	475	70	100	45	−0.025 −0.050	50	−0.025 −0.050	M20 − 6H	40	370
630	400	65/80	45	640	410	780	490	710	480	70	100	50	−0.030 −0.060	55	−0.030 −0.060	M20 − 6H	40	580
500	500	65/80	45	510	510	650	590	580	580	70	100	50	−0.030 −0.060	55	−0.030 −0.060	M20 − 6H	40	460

注：1. 压板台的形状和平面尺寸由制造厂决定。

2. 安装 B 型导柱时，d(R7)、d_1(R7)改为 d(H7)、d_1(H7)。

表 7 -11 -3　后侧导柱上模座(GB/T 2855.5—1990)　　　　　　mm

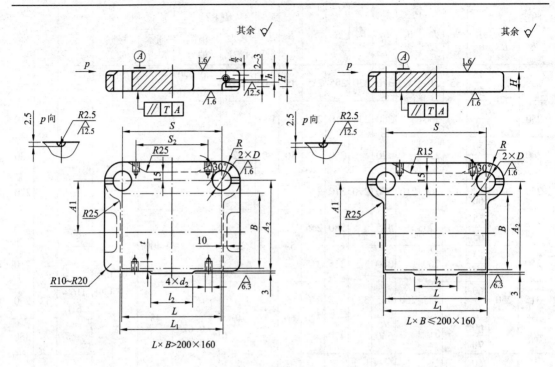

L× B>200×160　　　　　　　　　L× B≤200×160

标记示例:
凹模周界 $L = 200mm$、$B = 160mm$、厚度 $H = 45mm$ 的后侧导柱上模座:
上模座 200 × 160 × 45GB/T 2855.5
材料:HT200
技术条件:按 JB/T 8070—1995 的规定

凹模周界		H	h	L_1	S	A_1	A_2	R	l_2	$D(H7)$		d_2	t	S_2
L	B									基本尺寸	极限偏差			
63	50	20		70	70	45	75	25	40	25				
		25												
63		20		70	70						+0.021 0			
		25	—									—	—	—
80	63	25		90	94	50	85	28	60	28				
		30												
100		25		110	116									
		30												

凹模周界		H	h	L_1	S	A_1	A_2	R	l_2	D(H7) 基本尺寸	D(H7) 极限偏差	d_2	t	S_2
L	B													
80		25		90	94			32	60	32				
		30												
100	80	25		110	116	65	110							
		30												
125		25		130	130									
		30												
100	100	25		110	116	75	130							
		30												
125		30		130	130			35		35				
		35												
160		35		170	170			38	80	38				
		40												
200		35	—	210	210							—	—	—
		40												
125	125	30		130	130	85	150	35	60	35	+0.025 / 0			
		35												
160		35		170	170			38	80	38				
		40												
200		35		210	210									
		40												
250		40		260	250				100					
		45												
160	160	40		170	170	110	195	42	80	42				
		45												
200		40		210	210									
		45												
250		45	30	260	250				100			M14-6H	28	150
		50												
200	200	45		210	210	130	235	45	80	45				120
		50												
250		45		260	250									150
		50												
315		45		325	305									200
		50												
250	250	45		260	250	160	290	50	100	50	+0.030 / 0			140
		50												
315		50		325	305							M16-6H	32	200
		55												
400		50	35	410	390			55	55	55				280
		55												

注：压板台的形状和平面尺寸由制造厂决定。

表 7 – 11 – 4　后侧导柱下模座(GB/T 2855.6—1990)　　　　mm

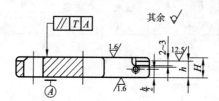

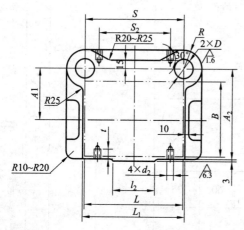

标记示例：
凹模周界 $L = 250mm$、$B = 200mm$、厚度 $H = 50mm$ 的后侧导柱下模座：
上模座 250 × 200 × 50GB/T 2855.6
材料：HT200
技术条件：按 JB/T 8070—1995 的规定

凹模周界		H	h	L_1	S	A_1	A_2	R	l_2	$d(R7)$		d_2	t	S_2
L	B									基本尺寸	极限偏差			
63	50	25	20	70	70	45	75	25	40	16	−0.016 −0.034	—	—	—
		30												
63		25		70	70									
		30												
80	63	30		90	94	50	85	28	18					
		40												
100		30		110	116									
		40												
80		30		90	94				60					
		40												
100	80	30		110	116	65	110	32	20	−0.020 −0.41				
		40												
125		30	25	130	130									
		40												
100	100	30		110	116	75	130							
		40												

表 7 - 11 - 5 后侧导柱窄形上模座（GB/T 2855.7—1990） mm

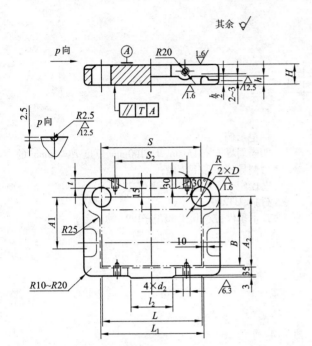

标记示例：
凹模周界 $L = 315$mm、$B = 100$mm、厚度 $H = 45$mm 的后侧导柱窄形上模座：
上模座 315×100×45GB/T 2855.7
材料：HT200
技术条件：按 JB/T 8070—1995 的规定

凹模周界		H	h	L_1	S	A_1	A_2	R	l_2	D（H7）		d_2	t	S_2
L	B									基本尺寸	极限偏差			
250	80	45	30	260	240	70	115	45	100	45	+0.025 0	M16-6H	32	140
315				325	305	75	120	50		50				200
315	100			325	305	80	135							200
400				410	380	85	140	55		55				260
355	125	50		365	345	95	160							220
500				510	480	100	165	60		60	+0.030 0			300
500	160	55	35	510	480	120	205	65	120	65		M20-6H	40	350
710				720	680									500
630	200	60	40	640	610	145	250	70		70				440
800				810	770									550

注：压板台的形状和平面尺寸由制造厂决定。

表 7 – 11 – 6　后侧导柱窄形下模座(GB/T 2855.8—1990)　　　　　mm

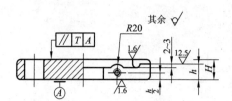

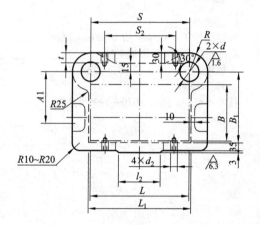

标记示例:
凹模周界 $L = 315$mm、$B = 100$mm、厚度 $H = 55$mm 的后侧导柱窄形下模座:
上模座 $315 \times 100 \times 55$ GB/T 2855.8
材料:HT200
技术条件:按 JB/T 8070—1995 的规定

凹模周界		H	h	L_1	S	A_1	A_2	R	l_2	d(R7)		d_2	t	S_2
L	B									基本尺寸	极限偏差			
250	80	50	35	260	240	70	115	45		32		M16 – 6H	32	140
315				325	305	75	120							200
315	100	55		325	305	80	135	50	100	35	−0.025 −0.050			200
400		60	40	410	380	85	140			40				260
355	125			365	345	95	160	55						220
500		65		510	480	100	165	60		45				300
500	160	70	45	510	480	120	205	65	120	50		M20 – 6H	40	350
710				720	680									500
630	200	75	50	640	610	145	250	70		55	−0.030 −0.060			440
800				810	770									550

注:1. 压板台的形状和平面尺寸由制造厂决定。
　　2. 安装 B 型导柱时,d(R7) 改为 d(H7)。

表 7 - 11 - 7　中间导柱上模座(GB/T 2855.9—1990)　　　　　　　　（mm）

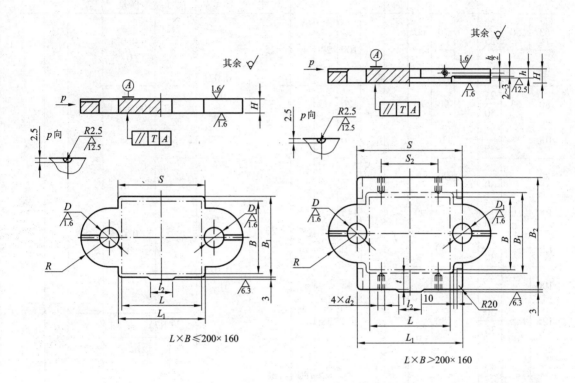

$L \times B \leqslant 200 \times 160$

$L \times B > 200 \times 160$

标记示例:

凹模周界 $L = 200$mm、$B = 160$mm、闭合高度 $H = 45$mm 的中间导柱上模座:

上模座 $200 \times 160 \times 45$ GB/T 2855.9

技术条件:按 JB/T 8070—1995 的规定

续表 7 – 11 – 7

凹模周界		H	h	L_1	B_1	L_2	B_2	S	R	l_2	D(H7)		D_1(H7)		d_2	t	S_2
L	B										基本尺寸	极限偏差	基本尺寸	极限偏差			
63	50	20 / 25		70	60			100	28	40	25		28	+0.021 0			
63		20 / 25		70								+0.021 0					
80	63	25 / 30		90	70			120	32		28		32					
100		25 / 30		110				140										
80		25 / 30		90				125										
100	80	25 / 30		110	90			145	35	60	32		35	+0.025 0				
125		25 / 30	—	130		—	—	170				+0.025 0			—	—	—
100		25 / 30		110				145										
125	100	30 / 35		130	110			170	38		35		38					
160		35 / 40		170				210	42	80	38		35					
200		35 / 40		210				250										
125		30 / 35		130				170	38	60	35		38					
160	125	35 / 40		170	130			210	42	42	38		42					
200		40 / 45		210				250										
250		40 / 45		260				305	45	100	42		45					
160	160	40 / 45		170	170			215										

续表 7－11－7

凹模周界		H	h	L_1	B_1	L_2	B_2	S	R	l_2	D(H7)		D_1(H7)		d_2	t	S_2
L	B										基本尺寸	极限偏差	基本尺寸	极限偏差			
200	160	45 50	—	210	170	—	—	255	45		42	+0.025 0	45	+0.025 0	—	—	—
250	160	55 60	—	260	170	360	230	310	45		45	+0.025 0	50	+0.025 0	M14 - 6H	28	210
200	200	45 50	30	210	210	320	270	260	50		45	+0.025 0	50	+0.025 0	M14 - 6H	28	170
250	200	45 50	30	260	210	370	270	310	50		45	+0.025 0	50	+0.025 0	M14 - 6H	28	210
315	200	45 50	30	325	210	435	270	380	55		50	+0.025 0	55	+0.025 0	M16 - 6H	28	260
250	250	45 50	30	260	260	380	330	315	55		50	+0.025 0	55	+0.025 0	M16 - 6H	28	210
315	250	50 55	35	325	260	445	330	385	60	100	55	+0.030 0	60	+0.030 0	M16 - 6H	28	260
400	250	50 55	35	410	260	540	330	470	60		55	+0.030 0	60	+0.030 0	M16 - 6H	28	340
315	315	50 55	35	325	325	465	400	390	65		60	+0.030 0	65	+0.030 0	M20 - 6H	40	260
400	315	55 60	40	410	325	550	400	475	65		60	+0.030 0	65	+0.030 0	M20 - 6H	40	340
500	315	55 60	40	510	325	655	400	575	65		60	+0.030 0	65	+0.030 0	M20 - 6H	40	440
400	400	55 60	40	410	410	560	490	475	70		65	+0.030 0	70	+0.030 0	M20 - 6H	40	360
630	400	55 65	40	640	410	785	490	710	70		65	+0.030 0	70	+0.030 0	M20 - 6H	40	570
500	500	55 65	40	510	510	655	590	580	70		65	+0.030 0	70	+0.030 0	M20 - 6H	40	440

注：压板台的形状和平面尺寸由制造厂决定。

表 7－11－8　中间导柱下模座（GB/T 2855.10—1990）　　　　mm

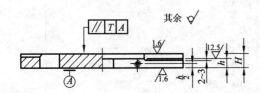

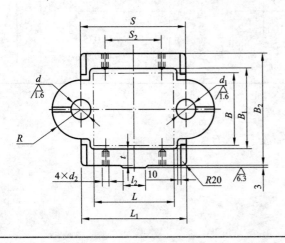

标记示例：
凹模周界 L = 250mm、B = 200mm、闭合高度
H = 50mm 的中间导柱下模座：
下模座 250×200×50 GB/T 2855.10
技术条件：按 JB/T 8070—1995 的规定

凹模周界		H	h	L₁	B₁	L₂	B₂	S	R	l₂	d(R7)		d₁(H7)		d₂	t	S₂
L	B										基本尺寸	极限偏差	基本尺寸	极限偏差			
63	50	25 / 30	20	70	60	125	100	100	28	40	16	−0.016 / −0.034	18	−0.016 / −0.034	—	—	—
63	50	25 / 30	20	70	60	130	100	110	28	40	16	−0.016 / −0.034	18	−0.016 / −0.034	—	—	—
80	63	30 / 40	20	90	70	130	120	120	32	40	18	−0.016 / −0.034	20	−0.016 / −0.034	—	—	—
100	63	30 / 40	20	110	70	170	120	140	32	40	18	−0.016 / −0.034	20	−0.016 / −0.034	—	—	—
80	80	30 / 40	20	90	90	150	140	125	35	60	20	−0.020 / −0.041	22	−0.020 / −0.041	—	—	—
100	80	30 / 40	20	110	90	170	140	145	35	60	20	−0.020 / −0.041	22	−0.020 / −0.041	—	—	—
125	80	30 / 40	20	130	90	200	140	170	35	60	20	−0.020 / −0.041	22	−0.020 / −0.041	—	—	—
100	100	30 / 40	25	110	110	180	160	145	38	60	20	−0.020 / −0.041	22	−0.020 / −0.041	—	—	—
125	100	35 / 45	25	130	110	200	160	170	38	60	22	−0.020 / −0.041	25	−0.020 / −0.041	—	—	—
160	100	40 / 50	30	170	110	240	160	210	42	80	25	−0.020 / −0.041	28	−0.020 / −0.041	—	—	—
200	100	40 / 50	30	210	110	280	160	250	42	80	25	−0.020 / −0.041	28	−0.020 / −0.041	—	—	—
125	125	35 / 45	25	130	130	200	190	170	38	60	22	−0.020 / −0.041	25	−0.020 / −0.041	—	—	—
160	125	40 / 50	30	170	130	250	190	210	42	80	25	−0.020 / −0.041	28	−0.020 / −0.041	—	—	—
200	125	40 / 55	30	210	130	290	190	250	42	80	25	−0.020 / −0.041	28	−0.020 / −0.041	—	—	—
250	125	45 / 55	35	260	130	340	190	305	45	100	28	−0.020 / −0.041	32	−0.025 / −0.050	—	—	—
160	160	45 / 55	35	170	170	270	230	215	45	80	28	−0.020 / −0.041	32	−0.025 / −0.050	—	—	—

凹模周界		H	h	L_1	B_1	L_2	B_2	S	R	l_2	$d(R7)$		$d_1(H7)$		d_2	t	S_2
L	B										基本尺寸	极限偏差	基本尺寸	极限偏差			
200	160	45 / 55	35	210	170	310	230	255	45	80	28	−0.020 / −0.041	32	−0.025 / 0	—	—	—
250		50 / 60		260		360		310		100							210
200	200	50 / 60	40	210	210	320	270	260	50	80	32		35		M14-6H	28	170
250		50 / 60		260		370		310									210
315		55 / 65		325		435		380	55		35		40				260
250	250	55 / 65		260		380		315							M16-6H	32	210
315		60 / 70		325	260	445	330	385	60		40	−0.025 / −0.050	45				260
400		60 / 70		410		540		470									340
315	315	60 / 70		325		465		390		100							260
400		65 / 75	45	410	325	550	400	475	65		45		50		M20-6H	40	340
500		65 / 75		510		655		575									440
400	400	65 / 75		410		560		475									360
630		65 / 80		640	410	785	490	710	70		50		55	−0.030 / −0.060			570
500	500	65 / 80		510	510	655	590	580									440

注：1. 压板台的形状和平面尺寸由制造厂决定。

　　2. 安装 B 型导柱时，$d(R7)$、$d_1(R7)$ 改为 $d(H7)$、$d_1(H7)$。

表 7 – 11 – 9　中间导柱圆形上模座（GB/T 2855.11—1990）　　　　　（mm）

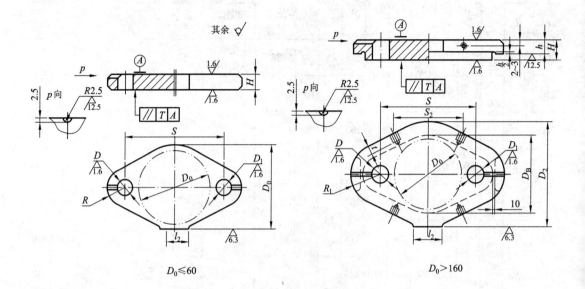

$D_0 \leqslant 60$　　　　　　　　　　　　　$D_0 > 160$

标记示例：

凹模周界 $D_0 = 160$mm，厚度 $H = 45$mm 的中间导柱圆形上模座：

上模座 160 × 45 GB/T 2855.11

技术条件：按 JB/T 8070—1995 的规定

凹模周界 D_0	H	h	D_b	D_2	S	R	R_1	l_2	D(H7)		D_1(H7)		d_2	t	S_2
									基本尺寸	极限偏差	基本尺寸	极限偏差			
63	20/25		70		100	28		50	25	+0.021 0	28	+0.021 0			
80	25/30		90		125			60	32		35				
100	25/30	—	110	—	145	35	—		32		35		—	—	—
125	30/35		130		170	38		80	35	+0.025 0	38	+0.025 0			
160	40/45		170		215	45			42		45				
200	45/50	30	210	280	260	50	85		45		50		M14 – 6H	28	180
250	45/50		260	340	315	55	95		50		55		M16 – 6H	32	220
315	50/55	35	325	425	390	65		100	60		65	+0.030 0			280
400	55/60		410	510	475	65	115		60	+0.030 0	65		M20 – 6H	40	380
500	55/65	40	510	620	580	70	125		65		70				480
630	60/75		640	758	720	76	135		70		76				600

注：压板台的形状和平面尺寸制造厂决定。

表 7 – 11 – 10　中间导柱圆形下模座（GB/T 2855.12—1990）　　　　（mm）

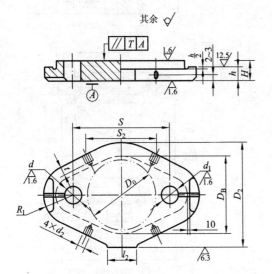

标记示例：
凹模周界 $D_0 = 200$mm，厚度 $H = 60$mm 的中间导柱
圆形下模座：
下模座 200 × 60 GB/T 2855.12
技术条件：按 JB/T 8070—1995 的规定

凹模周界 D_0	H	h	D_b	D_2	S	R	R_1	l_2	d(R7) 基本尺寸	d(R7) 极限偏差	d_1(R7) 基本尺寸	d_1(R7) 极限偏差	d_2	t	S_2
63	25 / 30		70	102	100	28	44	50	16	−0.016 −0.034	18	−0.016 −0.034			
80	30 / 40	20	90	136	125	35	58	60	20		22	−0.020 −0.041	—	—	—
100	30 / 40		110	160	145		60			−0.020 −0.041					
125	35 / 45	25	130	190	170	38	68	80	22		25				
160	45 / 55	35	170	240	215	45	80		28		32				
200	50 / 60	40	210	280	260	50	85		32		35	−0.025 −0.050	M14 – 6H	28	180
250	55 / 65		260	340	315	55	95		35		40		M16 – 6H	32	220
315	60 / 70		325	425	390	65		115 100	45	−0.025 −0.050	50				280
400	65 / 75	45	410	510	475	65							M20 – 6H	40	380
500	65 / 80		510	620	580	70	125		50		55	−0.030 −0.060			480
630	70 / 90		640	758	720	76	135		55	−0.030 −0.060	76				600

注：1. 压板台的形状和平面尺寸由制造厂决定。

　　2. 安装 B 型导柱时，d(R7)、d_1(R7) 改为 d(H7)、d_1(H7)。

表 7 – 11 – 11　四导柱上模座(GB/T 2855. 13—1990)　　　　　　　(mm)

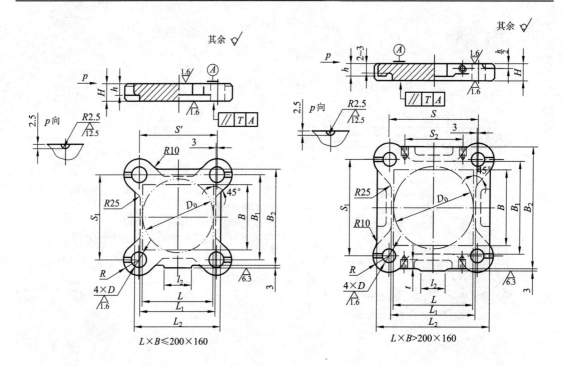

$L \times B \leqslant 200 \times 160$　　　　　　　　$L \times B > 200 \times 160$

标记示例:

凹模周界 $L = 200$mm、$B = 160$mm、厚度 $H = 45$mm 的四导柱上模座:

上模座 200 × 160 × 45 GB/T 2855. 13

技术条件:按 JB/T 8070—1995 的规定

凹模周界			H	h	L_1	B_1	L_2	B_2	S	S_1	R	l_2	D(H7)		d_2	t	S_2
L	B	D_0											基本尺寸	极限偏差			
160	125	160	35 40	20	170	160	240	230	175	190	38	80	38	+0.025 0	—	—	—
200	160	200	40 45	25	210	200	290	280	220	215	42		42		M14 – 6H	28	
250		—	45 50		260		340		265		45		45				170
250	200	250	45 50	30	260	250	340	330	265	260							170
315		—	45 50		325		425		340		50		50				200
315	250		50 55	35	325	300	425	400	340	315	55	100	55	+0.030 0	M16 – 6H	32	230
400			50 55		410		500		410								290
400	315	—	55 60	40	410	375	510	495	410	390	60		60		M20 – 6H	40	300

凹模周界			H	h	L_1	B_1	L_2	B_2	S	S_1	R	l_2	D(H7) 基本尺寸	D(H7) 极限偏差	d_2	t	S_2
L	B	D_0															
500	315	—	55 60	40	510	375	610	495	510	390	60		60		M20 – 6H	40	380
630			55 65		640		750		640	390	65		65				500
500	400	—	55 65		510	460	620	590	510	480				+0.030 0			380
630			55 65		640		750		640								500
800	500	—	60 75	45	810		930		810		70	100	70				650
630			60 75		640		760		640								500
800	500	—	70 85		810	580	940	710	810	590					M24 – 6H	46	650
1000			70 85		1010		1140		1010		76		76				800
800	630	—	70 85		810	700	940	840	810	720							650
1000			70 85		1010		1140		1010								800

注：压板台的形状和平面尺寸由制造厂决定。

表 7 – 11 – 12　四导柱下模座（GB/T 2855.14—1990）　　　　（mm）

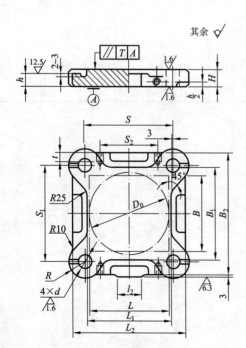

标记示例：

凹模周界 $L = 200\text{mm}$、$B = 160\text{mm}$，厚度 $H = 55\text{mm}$ 的四导柱下模座：

下模座 200 × 160 × 55 GB/T 2855.14

技术条件：按 JB/T 8070—1995 的规定

凹模周界			H	h	L_1	B_1	L_2	B_2	S	S_1	R	l_2	d(R7)		d_2	t	S_2
L	B	D_0											基本尺寸	极限偏差			
160	125	160	40/50	30	170	160	240	230	175	190	38	80	25	-0.021 0.041	—	—	—
200	160	200	45/55	35	210	200	290	280	220	215	42		28					
250		—	50/60		260		340		265		45		32	-0.025 -0.050	M14-6H	28	170
250	200	250	50/60	40	260	250	340	330	265	260							170
315		—	55/65		325		425		340		50		35				200
315	250	—	60/70	35	325	300	425	400	340	315	55		40		M16-6H	32	230
400		—	60/70		410		500		410								290
400	315	—	65/75	45	410	375	510	495	410	390	60		45		M20-6H	40	300
500		—	65/75		510		610		510								380
630		—	65/80		640		750		640		65	100	50				500
500	400	—	65/80	50	510	460	620	590	510	480							380
630		—	65/80		640		750		640								500
800		—	70/90		810		930		810		70		55	-0.030 -0.060	M24-6H	46	650
630	500	—	70/90	50	640	580	760	710	640	590							500
800		—	80/100		810		940		810		76		60				650
1000		—	80/100		1010		1140		1010								800
800	630	—	80/100	50	810	700	940	840	810	720	76	100	60	-0.030 -0.060	M24-6H	46	650
1000		—	80/100		1010		1140		1010								800

注：1. 压板台的形状和平面尺寸由制造厂决定。

　　2. 安装 B 型导柱时，d(R7)改为 d(H7)。

7.12　模柄

表 7 – 12 – 1　压入式模柄（JB/T 7646.1—1994）　　　　mm

其余 $\sqrt{\dfrac{6.3}{}}$

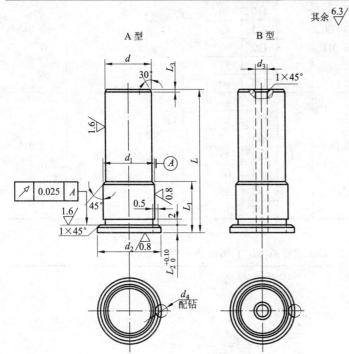

材料：Q235 – A・F

技术条件：按 JB/T 7653—1994 的规定

标记示例：

直径 $d = 32$ mm、高度 $L = 80$ mm 的 A 型压入式模柄；

模柄 A32 × 80 JB/T 7646.1

d(js10)		d_1(m6)		d_2	L	L_1	L_2	L_3	d_3	d_4(H7)	
基本尺寸	极限偏差	基本尺寸	极限偏差							基本尺寸	极限偏差
20	±.042	22	±0.021 +0.008	29	60	20		2	7		
					65	25					
					70	30					
25		26		33	65	20	4	2.5			
					70	25					
					75	30					
					80	35					
32	±0.050	34	±0.025 +0.009	42	80	25	5	3	11	6	+0.012 0
					85	30					
					90	35					
					95	40					
40		42		50	100	30	6	4			
					105	35					
					110	40					
					115	45					
					120	50					

表 7 – 12 – 1 续表

d（js10）		d_1（m6）		d_2	L	L_1	L_2	L_3	d_3	d_4（H7）	
基本尺寸	极限偏差	基本尺寸	极限偏差							基本尺寸	极限偏差
50	± 0.050	52	+ 0.030 + 0.011	61	105	35	8	5	15	8	+ 0.015 0
					110	40					
					115	45					
					120	50					
					125	55					
					130	60					
60	± 0.060	62	+ 0.030 + 0.011	71	115	40	8	5	15	8	+ 0.015 0
					120	45					
					125	50					
					130	55					
					135	60					
					140	65					
					145	70					

表 7 – 12 – 2   旋入式模柄（JB/T 7646.2—1994）   mm

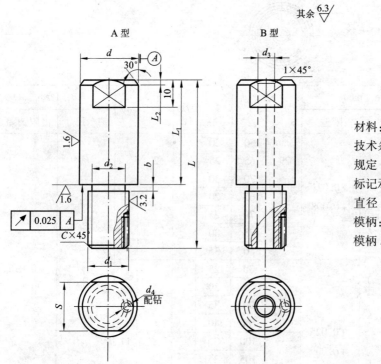

材料：Q235 – A · F
技术条件：按 JB/T 7653—1994 的
规定
标记示例：
直径 d = 32 mm 的 A 型旋入式
模柄：
模柄 A32 JB/T 7646.2

续表 7 – 12 – 2

d(js10)		d_1	L	L_1	L_2	S	d_2	d_3	d_4	b	C
基本尺寸	极限偏差										
20	±0.042	M16×1.5	58	40	2	17	14.5	11	M6	2.5	1
25		M16×1.5	68	45	2.5	21	14.5				
32	±0.050	M20×1.5	79	56	3	27	18.0			3.5	1.5
40		M24×1.5	91	68	4	36	21.5				
50		M30×2.0			5	41	27.5	15	M8	4.5	2
60	±0.060	M36×2.5	100	73		50	33.5				

表 7 – 12 – 3　凸缘模柄(JB/T 7646.3—1994)　　　　　　mm

其余 $\dfrac{1.6}{\bigtriangledown}$

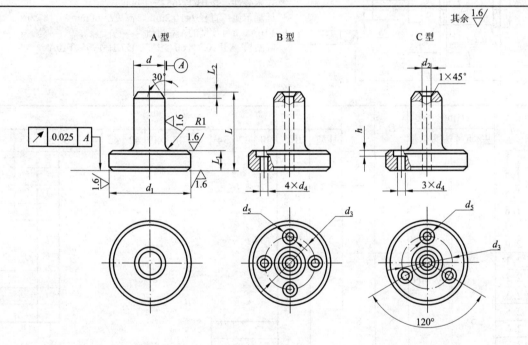

A 型　　　　　B 型　　　　　C 型

材料:Q235-A·F
技术条件：按JB/T 7653--1994的规定
标记示例：
直径：d=40mm的A型凸缘模柄;
模柄　A40　JB/T 7646.3

d(js10)		d_1	L	L_1	L_2	d_2	d_3	d_4	d_5	h
基本尺寸	极限偏差									
20	±0.042	67	58	18	2	11	44	9	15	9
25		82	63		2.5		54			
32	±0.050	97	79		3		65			
40		122	91	23	4		81			
50		132					91	11	18	11
60	±0.060	142	96		5	15	101	13	22	13
70		152	100				110			

7.13 部分冷冲模零件标准

7.13.1 工作零件

表 7 –13 –1 　 A 型圆凸模（JB/T 8057.1—1995）　　　　mm

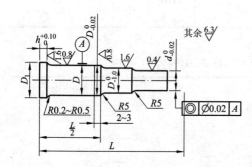

材料及热处理：9Mn2V、Cr12MoV、Cr12硬度
HRC58~62，尾部回火40~50HRC。
T10A、Cr6WV 硬度HRC56~60，尾部回火 HRC40~50。
技术条件：按JB/T 7653－1994的规定。
标记示例：直径d=10.2mm、高度L=60mm、材料为
T10A，h为Ⅱ型的A型圆凸模：
圆凸模 AⅡ10.2×60 JB/T 8057.1－1995 T10A

d	D（m6）		D_1	l	h		L											
	基本尺寸	极限偏差			Ⅰ型	Ⅱ型	30	32	34	36	38	40	42	45	48	50	52	55	58
1.1	4	+0.012 +0.004	7	5	3	—													
1.2																			
1.5																			
1.6				6															
1.7																			
2.0																			
2.1	5		8	8															
2.2																			
2.3																			
2.5																			
2.6																			
2.7																			
2.9																			
3.0																			

d	D(m6) 基本尺寸	极限偏差	D_1	l	h I 型	h II 型	L 34	36	38	40	42	45	48	50	52	55	58	60	65	70	80
3.1	6	+0.012 +0.004	9	10	—																
3.15																					
3.2																					
3.3																					
3.5																					
3.7				12																	
3.8																					
3.9																					
4.1	8	+0.015 +0.006	11	12 (L≤50) 15 (L>50)	3	5															
4.15																					
4.2																					
4.3																					
4.6																					
4.9																					
5.0																					
5.1																					
5.15																					
5.3																					
5.6																					
5.9																					
6.1	10		13																		
6.15																					
6.65																					
6.7																					
7.15																					
7.65																					
8.15	12		15																		
8.4																					
8.65																					
9.15	14	+0.018 +0.007	17																		
9.65																					
10.15																					
10.2																					
10.7																					
11.2	16		19			6															
11.7																					
12.2																					

续表7-13-2

d	D(m6)		D₁	l	h		L												
	基本尺寸	极限偏差			I型	II型	40	42	45	48	50	52	55	58	60	65	70	80	90	100
12.7	16		19	14 (L≤55)	3	6														
13.2																				
14	18	+0.018 +0.007	22																	
14.2																				
14.7																				
15.2																				
16.2	20		24	18 (L>55)																
16.7																				
17.2																				
17.4																				
18.2	22	+0.021 +0.008	26	15 (L≤55)																
19.2																				
20.2																				
21.2	25		30	20 (L≤80)																
22.2																				
23.2																				
24.2	30		35	30 (L>80)																
25.2																				
26.2																				
28.2	32	+0.025 +0.009	38																	
30.2																				

表 7 – 13 – 2　B 型圆凸模（JB/T8057. 2 – 1995）　　　　mm

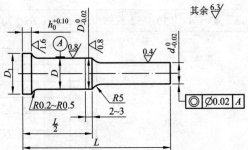

材料及热处理：9Mn2V、Cr12MoV、Cr12、硬度
HRC58~62，尾部回火 HRC40~50。T10A、
Cr6WV、硬度 HRC56~60，尾部回火 HRC40~50。
技术条件：按 JB/T 7653　1994的规定。
标记示例：直径d=10.2mm、高度L=55mm、材料
为T10A，h为Ⅱ型的B型圆凸模：
圆凸模　BⅡ10.2×55　JB/T8057.2−1995　T10A

d	D(m6) 基本尺寸	D(m6) 极限偏差	D₁	h Ⅰ型	h Ⅱ型	L 36	38	40	42	45	48	50	52	55
3. 0														
3. 1	6	+0. 012 +0. 004	9	3	—									
3. 15														
3. 2														
3. 3														
3. 5	6	+0. 012 +0. 004	9											
3. 7														
3. 8														
3. 9				3	—									
4. 1														
4. 15														
4. 2	8	+0. 015 +0. 006	11											
4. 3														
4. 6														

表7-13-2续表

d	D(m6) 基本尺寸	D(m6) 极限偏差	D_1	h Ⅰ型	h Ⅱ型	40	42	45	48	50	52	55	58	60	65	70
4.9	8		11													
5.0																
5.1																
5.15																
5.3																
5.6		+0.015 +0.006														
5.9																
6.1	10		13		5											
6.15																
6.65																
6.7																
7.15																
7.65																
8.15	12		15	3												
8.4																
8.65																
9.15	14		17													
9.65																
10.15																
10.2																
10.7																
11.2	16	+0.018 +0.007	19													
11.7																
12.2																
12.7																
13.2	18		22		6											
14																
14.2																
14.7																
15.2																

表7-13-2续表

d	D(m6) 基本尺寸	D(m6) 极限偏差	D₁	h I型	h II型	L 40	42	45	48	50	52	55	58	60	65	70
16.2	20		24													
16.7																
17.2																
17.4																
18.2	22		26													
19.2		+0.021														
20.2		+0.008		3	6											
21.2	25		30													
22.2																
23.2																
24.2	30		35													
25.2																
26.2																
28.2	32	+0.025	38													
30.2		+0.009														

表 7 – 13 – 3 快换圆凸模(JB/T(8057.3 – 1995)　　　　　mm

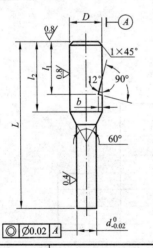

材料：T10A
热处理：硬度56~60HRC。
技术条件：按JB/T 7653－1994的规定
标记示例：
直径d=10.2mm、高度L=70mm的快换圆凸模：
圆凸模　10.2×70　JB/T 8057.3－1995

d	D(h6) 基本尺寸	D(h6) 极限偏差	L	l₁	l₂	b
5~9	10	0 −0.009	65	18	25	1.5
>9~14	15	0 −0.011	70	22	30	2
>14~19	20		75	26	35	2.5
>19~24	25	0 −0.013	80	30	40	3
>24~29	30		85	35	45	4

表 7 – 13 – 4　圆凹模（JB/T8057.4 – 1995）　　　　　　mm

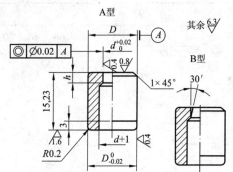

材料：T10A　9Mn2V　Cr6WV　Cr12
热处理：硬度 58~62 HRC。
技术条件：按JB/T 7653—1994的规定
标记示例：
孔径d=8.6mm、刃壁高度h=4mm、高度H=22mm、
材料为T10A的A型圆凹模：
凹模　A8.6×4×22　JB/T 8057.4—1995　T10A

d	D(m6)		h	H								
料厚≤2	基本尺寸	极限偏差		14	16	18	20	22	25	28	30	35
1~2	8	+0.015 +0.006	3									
			5									
>2~4	12		3									
			5									
>4~6	14	+0.018 +0.007	3									
			5									
>6~8	16		4									
			6									
>8~10	20	+0.021 +0.008	4									
			6									
10~12	22	+0.021 +0.008	6									
			8									
12~15	25		6									
			8									
15~18	30		8									
			10									
18~22	35	+0.025 +0.009	8									
			10									
22~28	40		8									
			10									
10~12	22	+0.021 +0.008	6									
			8									
12~15	25		6									
			8									
15~18	30		8									
			10									
18~22	35	+0.025 +0.009	8									
			10									
22~28	40		8									
			10									

表 7 – 13 – 5　带肩圆凹模（JB/T 8057.5—1995）　　　　　　　mm

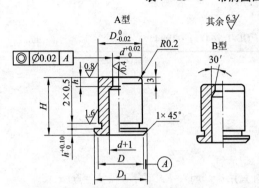

材料：T10A　9Mn2V　Cr6WV　Cr12
热处理：硬度 58~62 HRC。
技术条件：按 JB/T 7653−1994 的规定。
标记示例：
孔径 d=8.6mm、刃壁高度 h=6mm、高度 H=22mm、
材料为 T10A 的 A 型带肩圆凹模：
圆凹模　A8.6×6×22　JB/T 8057.5−1995　T10A

d	D(m6)		D_1	h_1	h	H								
料厚≤2	基本尺寸	极限偏差				14	16	18	20	22	25	28	30	35
1~2	8	+0.015 +0.006	11	3	3									
				5	5									
>2~4	12	+0.018 +0.007	16	3	3									
				5	5									
>4~6	14		18	3	3									
				5	5									
>6~8	16	+0.018 +0.007	20	3	4									
				6	6									
>8~10	20		25	3	4									
				6	6									
10~12	22	+0.021 +0.008	27	3	6									
				6	8									
12~15	25		30	3	6									
				6	8									
15~18	30		35	3	8									
				6	10									
18~22	35	+0.025 +0.009	40	3	8									
				6	10									
22~28	40		45	3	8									
				6	10									

7.13.2 定位(定距)零件

表 7 – 13 – 6   A 型导正销(JB/T 7647.1—1994)   mm

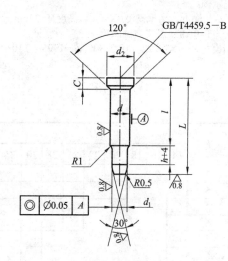

标记示例:

杆直径 d = 6mm、导正部分直径 d_1 = 2mm、长度 L = 32mm 的 A 型导正销:

A 型导正销 6 × 2 × 32JB/T 7647.1

材料:T8A,热处理硬度 50 ~ 54HRC

技术条件:按 JB/T 7653—1994 的规定

d(h6)		d_1(h6)	d_2	C	L	l
基本尺寸	极限偏差					
5	0 − 0.008	0.99 ~ 4.9	8	2	25	16
6		1.5 ~ 5.9	9		32	20
8	0 − 0.009	2.4 ~ 7.9	11	3		
10		3.9 ~ 9.9	13		36	25
13	0 − 0.011	4.9 ~ 11.9	16			
16		7.9 ~ 15.9	19		40	32

注:h 尺寸设计时决定。

表 7 – 13 – 7 **B 型导正销**(JB/T 7647. 2—1994) mm

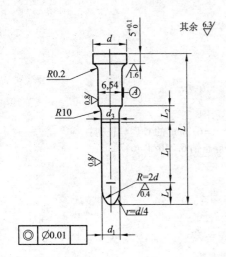

标记示例:
杆直径 $d = 8mm$、导正部分直径 $d_1 = 6mm$、长度 $L = 63mm$ 的 B 型导正销:
B 型导正销 $8 \times 6 \times 63$ JB/T7647. 2
材料:9Mn2V,热处理硬度 52 – 56HRC
技术条件:按 JB/T 7653—1994 的规定

d(h6)		d_1 (h6)	d_2	L					
基本尺寸	极限偏差			56	63	71	80	90	100
5	0 – 0.008	0.99 ~ 4.9	8	*	*	*	*	*	
6		1.5 ~ 5.9	9	*	*	*	*	*	*
8	0 – 0.009	2.4 ~ 7.9	11	*	*	*	*	*	*
10		3.9 ~ 9.9	13	*	*	*	*	*	*
13	0 – 0.011	4.9 ~ 11.9	16	*	*	*	*	*	*
16		7.9 ~ 16.9	19	*	*	*	*	*	*
20	0 – 0.013	11.9 ~ 19.9	24	*	*	*	*	*	*
25		15.0 ~ 24.9	29	*	*	*	*	*	*
32	0 – 0.016	19.9 ~ 31.9	36	*	*	*	*	*	*

注:1. * 为选用尺寸。
2. L_1、L_2、L_3、d_3 尺寸和头型由设计时决定。

表 7 -13 -8   C 型导正销(JB/T 7647.3—1994)   mm

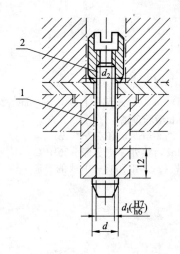

标记示例:

直径 d = 6.2mm 的 C 型导正销:

C 型导正销 6.2JB/T 7647.3

基本尺寸		零件件号、名称及标准编号	
		1	2
		导正销 JB/T7647.3	长螺母 JB/T7647.3
d/mm	d_1/mm	数量	
		1	1
		规格/mm	
4 ~ 6	4	4 ~ 6	M4
>6 ~ 8	5	>6 ~ 8	M5
>8 ~ 10	6	>8 ~ 10	M6
>10 ~ 12		>10 ~ 12	

表 7 – 13 – 9　长螺母(JB/T 7647.3—1994)　　　mm

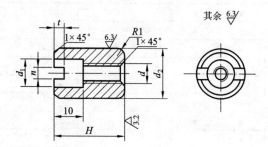

标记示例:
直径 d = M5 的长螺母:
长螺母 M5JB/T 7647.3
材料:45,热处理硬度43~48HRC
技术条件:按 JB/T 7653—1994 的规定

d	d_1	d_2	n	l	H
M4	4.5	8			16
M5	5.5	9	1.2	2.5	18
M6	6.5	11	1.5	3	20

表 7 – 13 – 10　侧刃(JB/T 7648.1—1994)　　　mm

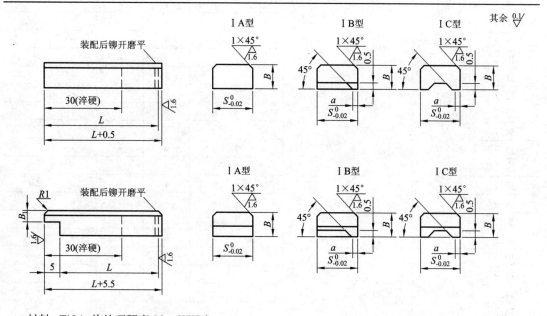

材料:T10A,热处理硬度56~60HRC
技术条件:按 JB/T 7653—1994 的规定
标记示例:
侧刃步骤 S = 15.2mm、宽度 B = 8mm、高度 L = 50mm 的 ⅡA 型侧刃:侧刃 ⅡA15.2 × 8 × 50JB/
T7648.1

S	B	B_1	a	L					
				45	50	56	63	71	80
5.2	4	2	12	*	*				
6.2			12	*	*				
7.2				*	*				
8.2			1.5	*	*				
9.2			1.5	*	*				
10.2				*	*				
7.2	6	3	1.2	*	*				
8.2				*	*				
9.2			1.5	*	*				
10.2				*	*				
10.2	8	4			*	*			
11.2					*	*			
12.2					*	*			
13.2					*	*			
14.2					*	*			
15.2					*	*			
15.2	10	5	2		*	*	*	*	
16.2					*	*	*	*	
17.2					*	*	*	*	
18.2					*	*	*	*	
19.2					*	*	*	*	
20.2					*	*	*	*	
21.2					*	*	*	*	
22.2					*	*	*	*	
23.2					*	*	*	*	
24.2					*	*	*	*	
25.2					*	*	*	*	
26.2					*	*	*	*	
27.2					*	*	*	*	
28.2					*	*	*	*	
29.2					*	*	*	*	
30.2					*	*	*	*	
30.2	12	6	2.5			*	*	*	*
32.2						*	*	*	*
34.2						*	*	*	*
36.2						*	*	*	*
38.2						*	*	*	*
40.2						*	*	*	*

注:1. ＊为选用尺寸。

　　2. S 尺寸按使用要求修正。

表 7 – 13 – 11　A 型侧刃挡块（JB/T 7648.2—1994）　　　　mm

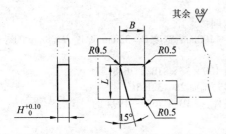

其余 $\sqrt{0.8}$

标记示例：
长度 $L = 16mm$、厚度 $H = 6mm$ 的 A 型侧刃
挡块：
A 型挡块 6 × 6JB/T 7648.2
材料：T8A，热处理硬度 56 ~ 60HRC
技术条件：按 JB/T 7653—1994 的规定

L	B	H
16	10	4
		6
20	12	4
		6
		8
25	16	12
		16

注：外形尺寸与导料板配合的公差按GB/T1801
的H7/m6。

表 7 – 13 – 12　B 型侧刃挡块（JB/T 7648.3—1994）　　　　mm

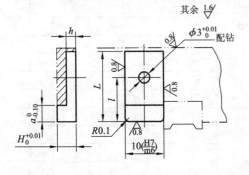

其余 $\sqrt{1.6}$

标记示例：
长度 $L = 25mm$、厚度 $H = 8mm$ 的 B 型侧刃
挡块：
B 型挡块 25 × 8 JB/T 7648.3
材料：T8A，热处理硬度 56 ~ 60HRC
技术条件：按 JB/T 7653—1994 的规定

L	H	h(h9) 基本尺寸	h(h9) 极限偏差	a	l
16	4	2	0 −0.025	4	10
	6	3		5	
25	8	4	0 −0.030	6	12
32	10	5			
	12	6			
40	16	8	0 −0.036	7	15

表 7 – 13 – 13　导料板（JB/T 7648.5—1994）　　　　　　　　mm

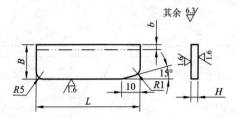

标记示例：
长度 $L=100$mm、宽度 $B=32$mm、厚度 $H=8$mm 的导料板：
导料板 $100\times32\times8$ JB/T 7648.5
材料:45,调质 28～32HRC
技术条件:按 JB/T 7653—1994 的规定

L	B	H						
		4	6	8	10	12	16	18
50	16	*	*					
	20	*	*					
63	16	*	*					
	20	*	*					
71	16	*	*					
	20	*	*					
80	20	*	*					
	25		*	*				
	32		*	*				
	36		*	*				
100	20	*	*					
	25		*	*				
	32		*	*				
	36		*	*				
	40		*	*	*			
	45			*	*	*		
125	20	*	*					
	25		*	*				
	32		*	*				
	36		*	*				
	40		*	*	*			
	45			*	*	*		
	50			*	*	*		
160	20	*	*					
	25		*	*				
	32		*	*				
	36		*	*				
	40		*	*	*			
	45			*	*	*		
	50			*	*	*		
200	25			*	*			

L	B	H						
		4	6	8	10	12	16	18
200	32	*	*	*				
	36	*	*	*				
	40	*	*	*				
	45		*	*	*			
	50			*	*	*		
	56				*	*	*	
	63					*	*	*
250	25	*	*					
	32		*	*				
	36		*	*				
	40			*	*			
	45			*	*			
	50			*				
	56					*	*	*
	63					*	*	*
	71						*	*
315	25	*	*					
	32		*	*				
	36		*	*				
	40		*	*	*			
	45		*	*	*			
	50		*	*	*			
	56			*	*	*		
	63					*		
400	40			*	*	*		
	45			*	*	*		
	50			*	*			
	56					*	*	
	63				*	*	*	
	71					*	*	*

注:1. * 为选用尺寸;
　　2. b 系设计修正量。

表 7 – 13 – 14　承料板（JB/T 7648.6—994）　　　　　mm

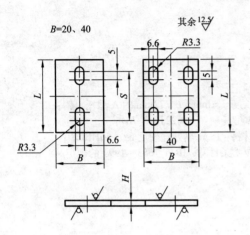

标记示例：
长度 $L = 100$mm、宽度 $B = 40$mm 的承料板：
承料板 100×400JB/T 7648.6
材料：Q235 – A · F
技术条件：按 JB/T 7653—1994 的规定

L	B	H	S	L	B	H	S
50			35	160			140
63			48	200	40		175
80	20		65	250		3	225
100		2	85	160			140
125			110	200	63		175
100	40		85	250		4	225
125			110	315			285

表 7 – 13 – 15　A 型托料销（JB/T 7648.7—1994）　　　　　　　mm

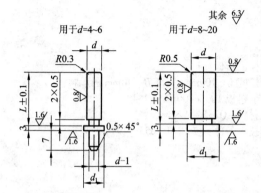

标记示例：
长度 $d = 6$mm、$L = 22$mm 的 A 型托料销：
A 型托料销 6×22 JB/T 7648.7
材料：T8A，热处理硬度 52～56HRC
技术条件：按 JB/T 7653—1994 的规定

d	基本尺寸	4	6	8	10	13	16	20
	极限偏差	0 −0.008		0 −0.009		0 −0.011		0 −0.013
d_1		6	8	10	13	16	19	23
L	10	*	*					
	15	*	*	*				
	20	*	*	*				
	22	*	*	*				
	25	*	*	*	*	*		
	28	*	*	*	*	*		
	30	*	*	*	*	*	*	*
	33	*	*	*	*	*	*	*
	36	*	*	*	*	*	*	*
	40	*	*	*	*	*	*	*
	45			*	*	*	*	*
	50			*	*	*	*	*
	60					*	*	*
	70						*	*

注：＊为选用尺寸。

表 7 – 13 – 16　　B 型托料销（JB/T 7648.8—1994）　　　　　mm

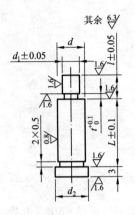

标记示例：
长度 $d = 6mm$、$L = 22mm$、$t = 1mm$ 的 B 型托料销：
B 型托料销 $6 \times 22 \times 1$ JB/T 7648.8
材料：T8A，热处理硬度 $52 \sim 56$HRC
技术条件：按 JB/T 7653—1994 的规定

	基本尺寸	4	6	8	10	13	16	20
d	极限偏差	0 −0.008		0 −0.009		0 −0.011		0 −0.013
	d_1	2	3.6	5.0	6.0	7.0	8.0	10.0
	d_2	6	8	10	13	16	19	23
	t	0.5 ~ 0.8	1.0 ~ 1.6	1.0 ~ 2.0	1.6 ~ 2.5	2.5 ~ 3.6	2.5 ~ 4.0	3.6 ~ 5.0
	t	5		7			12	
L	10	*	*					
	15	*	*	*				
	20	*	*	*				
	22	*	*	*				
	25	*	*	*	*	*		
	28	*	*	*	*	*		
	30	*	*	*	*	*	*	*
	33	*	*	*	*	*	*	*
	36	*	*	*	*	*	*	*
	40	*	*	*	*	*	*	*
	45		*	*	*	*	*	*
	50			*	*	*	*	*
	60					*		*
	70						*	*

注：* 为选用尺寸。

表 7 – 13 – 17　始用挡料装置(JB/T 7649.1—1994)　　　　　　mm

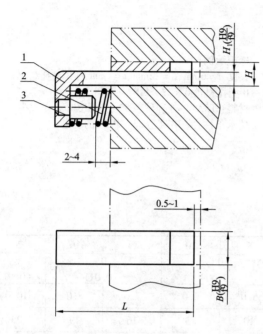

标记示例:

长度 L = 45mm、厚度 H = 8mm 的始用挡料装置:

始用挡料装置 45 × 8JB/T 7649.1

基本尺寸		零件件号、名称及标准编号			基本尺寸		零件件号、名称及标准编号		
		1	2	3			1	2	3
		始用挡料块 JB/T7649.1	弹簧 GB/T2089	弹簧心柱 JB/T7649.2			始用挡料块 JB/T7649.1	弹簧 GB/T2089	弹簧心柱 JB/T7649.2
		数量					数量		
		1	1	1			1	1	1
L	*H*	规格			*L*	*H*	规格		
36	4	36 × 4	0.5 × 6 × 20	4 × 16	71	8	71 × 8	0.8 × 8 × 20	6 × 16
40		40 × 4			50	10	50 × 10		
45		45 × 4			56		56 × 10		
36	6	36 × 6	0.8 × 8 × 20	6 × 16	63		63 × 10		
40		40 × 6			71		71 × 10		
45		45 × 6			80		80 × 10		
50		50 × 6			50	12	50 × 12	1.0 × 10 × 20	8 × 18
56		56 × 6			56		56 × 12		
63		63 × 6			63		63 × 12		
71		71 × 6			71		71 × 12		
45	8	45 × 8			80		80 × 12		
50		50 × 8			90		90 × 12		
56		56 × 8			80	16	80 × 16		
63		63 × 8			90		90 × 16		

表7－13－18　始用挡料块（JB／T 7649.1—1994）　　　　　mm

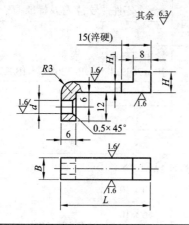

标记示例：
长度 $L = 45mm$，厚度 $H = 6mm$ 的始用挡料块：
始用挡料块 45×6JB／T 76491
材料：45，热处理硬度 43～48HRC
技术条件：按 JB／T 7653—1994 的规定

L	$B(f9)$		$H(c12)$		$H_1(f9)$		$d(H7)$	
	基本尺寸	极限偏差	基本尺寸	极限偏差	基本尺寸	极限偏差	基本尺寸	极限偏差
36			4		2		3	+0.010
40								0
45								
36	6	−0.010		−0.070		−0.006		
40		−0.040		−0.190		−0.031		
45								
50			6		3			
56								
63								
71								
45							4	+0.012
50								0
56	8		8		4			
63		−0.013		−0.080				
71		−0.049		−0.032				
50								
56								
63	10		10		5	−0.010		
71						−0.040		
80								
50								
56								
63								
71	12	−0.016	12	−0.095	6		6	+0.012
80		−0.059		−0.275				0
90								
80	16		16		8	−0.013		
90						−0.049		

表 7 - 13 - 19　弹簧弹顶挡料装置(JB/T 7649. 5—1994)　　　　mm

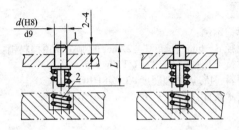

标记示例：
直径 $d = 6mm$、长度 $L = 22mm$ 的弹簧弹顶挡料
装置：
弹簧弹项挡料装置 6×22 JB/T 7649. 5

基本尺寸		零件件号、名称及标准编号		基本尺寸		零件件号、名称及标准编号	
		1	2			1	2
		弹簧弹顶挡料销 JB/T7649.5	弹簧 GB/T2089			弹簧弹顶挡料销 JB/T7649.5	弹簧 GB/T2089
		数　量				数　量	
d/mm	L/mm	1	1	d/mm	L/mm	1	1
		规格/mm				规格/mm	
4	18	4×18	$0.5 \times 6 \times 20$	10	30	10×30	$1.6 \times 12 \times 30$
	20	4×20			32	10×32	
6	20	6×20	$0.8 \times 8 \times 20$	12	34	12×34	$1.6 \times 16 \times 40$
	22	6×22			36	12×36	
	24	6×24	$0.8 \times 8 \times 30$		40	12×40	
	26	6×26		16	36	16×36	$2 \times 20 \times 40$
8	24	8×24	$1 \times 10 \times 30$		40	16×40	
	26	8×26			50	16×50	
	28	8×28		20	50	20×50	
	30	8×30			55	20×55	$2 \times 20 \times 50$
10	26	10×26	$1.6 \times 12 \times 30$		60	20×60	
	28	10×28					

表 7 – 13 – 20　弹簧弹顶挡料销（JB/T 7649.5—1994）　　　　mm

其余

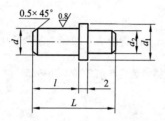

标记示例：
直径 $d = 6$mm、长度 $L = 22$mm 的弹簧弹顶挡料销：
弹簧弹顶料销 6×22 JB/T 7649.5
材料：45，热处理硬度 43～48HRC
技术条件：按 JB/T 7653—1994 的规定

d(d9)		d_1	d_2	l	L	d(d9)		d_1	d_2	l	L
基本尺寸	极限偏差					基本尺寸	极限偏差				
4		6	3.5	10	18	10	−0.040 −0.076	12	8	18	20
				12	20					20	32
6	−0.030 −0.060	8	5.5	10	20	12		14	10	22	34
				12	22					24	36
				14	24		−0.050 −0.093			28	40
				16	26					24	36
8		10	7	12	24	16		18	14	28	40
				14	26					35	50
	−0.040 −0.076			16	28					35	50
				18	30	20	−0.065 −0.117	23	15	40	55
10		12	8	14	26					45	60
				16	28						

表 7 – 13 – 21　固定挡料销(JB/T 7649. 10—1994)　　　　mm

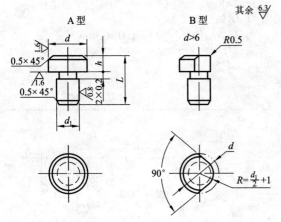

标记示例:
直径 $d = 10mm$ 的 A 型固定挡料销:
固定挡料销 A10 JB/T 7649.10
材料:45,热处理硬度 43 ~ 48HRC
技术条件:按 JB/T 7653—1994 的规定

d(h11)		d_1(m6)		h	L
基本尺寸	极限偏差	基本尺寸	极限偏差		
6	0 − 0. 075	3	+ 0. 008 + 0. 002	3	8
8	0 − 0. 090	4	+ 0. 012 + 0. 004	2	10
10				3	13
16	0 − 0. 110	8	+ 0. 015 + 0. 006	3	13
20		10		4	16
25	0 − 0. 130	12	+ 0. 018 + 0. 007		20

7.13.3　冲模卸料装置

表 7 – 13 – 22　带肩推杆（JB/T 7650.1—1994）　　　　mm

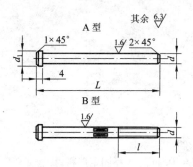

标记示例:
直径 d = 8mm、长度 L = 90mm 的 A 型带肩推杆:
推杆 A8 × 90JB/T 7650.1
材料:45,热处理硬度 43 ~ 48HRC
技术条件:按 JB/T 7653—1994 的规定

d		L	d_1	l	d		L	d_1	l	d		L	d_1	l
A 型	B 型				A 型	B 型				A 型	B 型			
6	M6	40	8	—	10	M10	100	13	30	16	M16	160	20	40
		45					110					180		
		50					120					200		
		55					130					220		
		60					140			20	M20	90	24	—
		70					150					100		
		80					160					110		
		90					170					120		
		100		20	12	M12	70	15	—			130		45
		110					78					140		
		120					80					150		
		130					85					160		
8	M8	50	10	—			90					180		
		55					100					200		
		60					110					220		
		65					120					240		
		70					130					260		
8	M8	80	10	25	12	M12	140	15	35	25	M25	100	30	—
		90					150					110		
		100					160					120		
		110					170					130		
		120					180					140		
		130					190					150		
		140			16	M16	80	20	40			160		50
		150					90					180		
10	M10	60	13	—			100					200		
		65					110					220		
		70					120					240		
		75					130					260		
		80					140					280		
		90					150							

表 7 - 13 - 23　顶板(JB/T 7650.4—1994)　　　　mm

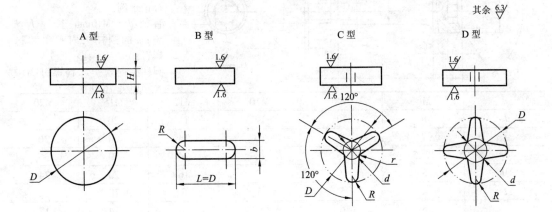

标记示例:

直径 D = 40mm 的 A 型顶板:

顶板 A40JB/T 7650.4

材料:45,热处理硬度 43 ~ 48HRC

技术条件:按 JB/T 7653—1994 的规定

D	d	R	r	H	b
20	—	—	—	4	8
25	15	4	3		
32	16			5	
35	18				
40	20	5	4	6	10
50	25				
63				7	12
71	30	6	5		
80				9	
90	32	8	6		16
100	35			12	
125	42	9	7		18
160	55	11	8	16	22
200	70	12	9	18	24

表7－13－24　圆柱头内六角卸料螺钉(GB/T 7650.6—1994)　　　　mm

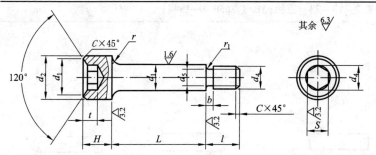

材料：45，热处理硬度 35
~40HRC
技术条件：按 GB/T 3098.3—
2000 的规定
标记示例：
直径 d = M10mm、长度 L =
50mm 的圆柱头内六角卸料
螺钉：
圆柱头内六角卸料螺钉 M10
×50JB/T 7650.6

d		M6	M8	M10	M12	M16	M20
d_1		8	10	12	16	20	24
l		7	8	10	14	20	26
d_2		12.5	15	18	24	30	36
H		8	10	12	16	20	24
t		4	5	6	8	10	12
s		5	6	8	10	14	17
d_3		7.5	9.8	12	14.5	17	20.5
d_4		5.7	6.9	9.2	11.4	16	19.4
$r\leqslant$		0.4	0.4	0.6	0.6	0.8	1
$r_1\leqslant$		0.5	0.5	1	1	1.2	1.5
d_5		4.5	6.2	7.8	9.5	13	16.5
C		1	1.2	1.5	1.8	2	2.5
C_1		0.3	0.5	0.5	0.5	1	1
b		2	2	3	4	4	4
L	35	*					
	40	*	*				
	45	*	*	*			
	50	*	*	*			
	55	*	*	*			
	60	*	*	*			
	65	*	*	*	*		
	70	*	*	*	*		
	80		*	*	*		*
	90			*	*	*	*
	100			*	*	*	*
	110					*	*
	120					*	*
	130					*	*
	140					*	*
	150					*	*
	160						*
	180						*
	200						*

注：*为选用尺寸。

7.14 通用标准件

1.内六角圆柱头螺钉

表 7 - 14 - 1　内六角圆柱头螺钉(GB/T 70.1—2000)　　　（mm）

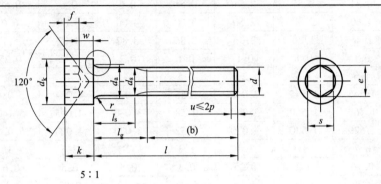

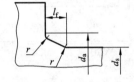

允许制造的型式

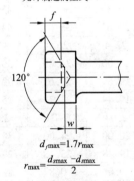

$d_{f\max} = 1.7 r_{\max}$

$r_{\max} = \dfrac{d_{s\max} - d_{s\max}}{2}$

头的顶部和底部棱边

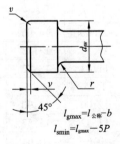

$l_{g\max} = l_{公称} - b$

$l_{s\min} = l_{g\max} - 5P$

标记示例:

螺纹规格 d = M5、公称长度 t = 20mm、性能等级为 8.8 级、表面氧化的 A 级内六角圆柱头螺钉的标记:

螺钉 GB/T70.1M5 × 20

螺纹规格 d		M1.6	M2	M2.5	M3	M4	M5	M6	M8
P[①]		0.35	0.4	0.45	0.5	0.7	0.8	1	1.25
$b_{参考}$		15	16	17	18	20	22	24	28
d_k	max [②]	3.00	3.80	4.50	5.50	7.00	8.50	10.00	13.00
	max [③]	3.14	3.98	4.68	5.68	7.22	8.72	10.22	13.27
	min	2.86	3.62	4.32	5.32	6.78	8.28	9.78	12.73
d_a	max	2	2.6	3.1	3.6	4.7	5.7	6.8	9.2

螺纹规格 d		M1.6	M2	M2.5	M3	M4	M5	M6	M8
d_s	max	1.60	2.00	2.50	3.00	4.00	5.00	6.00	8.00
	min	1.46	1.86	2.36	2.86	3.82	4.82	5.82	7.78
e	min①	1.73	1.73	2.3	2.87	3.44	4.58	5.72	6.86
l_f	max	0.34	0.51	0.51	0.51	0.6	0.6	0.68	1.02
k	max	1.60	2.00	2.50	3.00	4.00	5.00	6.0	8.00
	min	1.46	1.86	2.36	2.86	3.82	4.82	5.7	7.64
r	min	0.1	0.1	0.1	0.1	0.2	0.2	0.25	0.4
s	公称	1.5	1.5	2	2.5	3	4	5	6
	max⑥	1.545	1.545	2.045	2.56	3.071	4.084	5.084	6.095
	max⑦	1.560	1.560	2.060	2.58	3.080	4.095	5.140	6.140
	min	1.520	1.520	2.020	2.52	3.020	4.020	5.020	6.020
t	min	0.7	1	1.1	1.3	2	2.5	3	4
v	max	0.16	0.2	0.25	0.3	0.4	0.5	0.6	0.8
d_w	min	2.72	3.48	4.18	5.07	6.53	8.03	9.38	12.33
w	min	0.55	0.55	0.85	1.15	1.4	1.9	2.3	3.3
$l_{公称}$（商品长度规格）		2.5~16	3~20	4~25	5~30	6~40	8~50	10~60	12~80

螺纹规格 d		M10	M12	M(14)	M16	M20	M24	M30	M36
P①		1.5	1.75	2	2	2.5	3	3.5	4
$b_{参考}$		32	36	40	44	52	60	72	84
d_k	max②	16.00	18.00	21.00	24.00	30.00	36.00	45.00	54.00
	max③	16.27	18.27	21.33	24.33	30.33	36.39	45.39	54.46
	min	15.73	17.73	20.67	23.67	29.67	35.61	44.61	53.54
d_a	max	11.2	13.7	15.7	17.7	22.4	26.4	33.4	39.4
d_s	max	10.00	12.00	14.00	16.00	20.00	24.00	30.00	36.00
	min	9.78	11.73	13.73	15.73	19.67	23.67	29.67	35.61
e	min④	9.15	11.43	13.72	16	19.44	21.73	25.15	30.85
l_f	max	1.02	1.45	1.45	1.45	2.04	2.04	2.89	2.89
k	max	10.00	12.00	14.00	16.00	20.00	24.00	30.00	36.00
	min	9.64	11.57	13.57	15.57	19.48	23.48	29.48	35.38
r	min	0.4	0.6	0.6	0.6	0.8	0.8	1	1
s	公称	8	10	12	14	17	19	22	27
	max⑤	8.115	10.115	12.142	14.142	17.23	19.275	22.275	27.275
	max⑥	8.175	10.175	12.212	14.212				
	min	8.025	10.025	12.032	14.032	17.05	19.065	22.065	27.065
t	min	5	6	7	8	10	12	15.5	19
v	min	1	1.2	1.4	1.6	2	2.4	3	3.6
d_w	min	15.33	17.23	20.17	23.17	28.87	34.81	43.61	52.54
w	min	4	4.8	5.8	6.8	8.6	10.4	13.1	15.3
$l_{公称}$（商品长度规格）		16~100	20~120	25~140	25~160	30~200	40~200	45~200	55~200

螺纹规格 d			M42	M48	M56	M64
$P^{①}$			4.5	5	5.5	6
$b_{参考}$			96	106	124	140
d_k	max	②	63.00	72.00	84.00	96.00
		③	63.46	72.46	84.54	96.54
	min		62.54	71.54	83.46	95.46
d_a	max		45.6	52.6	63	71
d_s	max		42.00	48.00	56.00	64.00
	min		41.61	47.61	55.54	63.54
e	min④		36.57	41.13	46.83	52.53
l_t	max		3.06	3.91	5.95	5.95
k	max		42.00	48.00	56.00	64.00
	min		41.38	47.38	55.26	63.26
r	min		1.2	1.6	2	3
s	公称		32	36	41	46
	max⑥		32.33	36.33	41.33	46.33
	min		32.08	36.08	41.08	46.08
t	min		24	28	34	38
v	max		4.2	4.8	5.6	6.4
d_w	min		61.34	70.34	82.26	94.26
w	min		16.3	17.5	19	22
$l_{公称}$（商品长度规格）			60 ~ 300	70 ~ 300	80 ~ 300	90 ~ 300

注：1. $l_{公称}$尺寸系列为：2.5、3、4、5、6、8、10、12、16、20、25、30、35、40、45、50、55、60、65、70、80、90、100、110、120、130、140、150、160、180、200、220、240、260、280、300mm。

2. 机械性能等级：钢——d < 3 mm；按协议：3mm ≤ d ≤ 39mm；8.8、10.9、12.9；d < 39mm；按协议；不锈钢——d ≤ 24mm；A2 – 70、A4 – 70；24mm < d ≤ 39mm；A2 – 50、A4 – 50；d > 39mm；按协议；有色金属——CU2、CU3。

3. 尽可能不采用括号内的规格。

①P 为螺距；②对光滑头部；③对滚花头部；④e_{min} = 1.14S_{min}；⑤用于12.9 级；⑥用于其他性能等级。

2. 内六角平圆头螺钉

表 7 – 14 – 2　内六角平圆头螺钉（GB/T 70.2—2000）　　　　　　（mm）

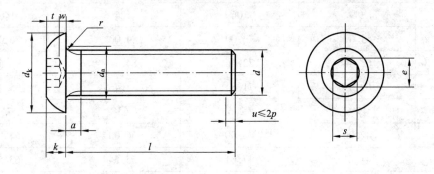

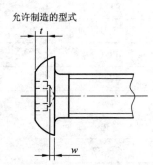

允许制造的型式

标记示例

螺纹规格 d = M12、公称长度 l = 40mm、性能等级为 12.9 级、表面氧化的 A 级内六角平圆头螺钉的标记：

螺钉 GB/T70.2　M12 × 40

螺钉规格 d		M3	M4	M5	M6	M8	M10	M12	M16
$P^①$		0.5	0.7	0.8	1	1.25	1.5	1.75	2
a	max	1.0	1.4	1.6	2	2.50	3.0	3.50	4
	max	0.5	0.7	0.8	1	1.25	1.5	1.75	2
d_a	max	3.6	4.7	5.7	6.8	9.2	11.2	14.2	18.2
d_k	max	5.7	7.60	9.50	10.50	14.00	17.50	21.0	28.00
	min	5.4	7.24	9.14	10.07	13.57	17.07	20.48	27.48
$e^②$	min	2.3	2.87	3.44	4.58	5.72	6.86	9.15	11.43
k	max	1.65	2.20	2.75	3.3	4.4	5.5	6.60	8.80
	min	1.40	1.95	2.50	3.0	4.1	5.2	6.24	8.44
r	min	0.1	0.2	0.2	0.25	0.4	0.4	0.6	0.6
	公称	2	2.5	3	4	5	6	8	10
s max	③	2.045	2.56	3.071	4.084	5.084	6.095	8.115	10.115
	④	2.060	2.58	3.080	4.095	5.140	6.140	8.175	10.175
	min	2.020	2.52	3.020	4.020	5.020	6.020	8.025	10.025
t	min	1.04	1.3	1.56	2.08	2.6	3.12	4.16	5.2
w	min	0.2	0.3	0.38	0.74	1.05	1.45	1.63	2.25

螺钉规格 d		M3	M4	M5	M6	M8	M10	M12	M16
$l_{公称}$（商品长度规格）		6～12	8～16	10～30	10～30	10～40	16～40	16～50	20～50
机械性能等级（钢）	8.8 最小拉力械荷 /N	3 220	5 620	9 080	12 900	23 400	37 100	53 900	100 000
	10.9	4 180	7 300	11 800	16 700	30 500	48 200	70 200	130 000
	12.9	4 910	8 560	13 800	19 600	35 700	56 600	82 400	154 000

注：$l_{公称}$尺寸系列：6、8、10、12、20、25、30、35、40、45、50mm

①P为螺距；②$e_{min} = 1.14S_{min}$；③用于12.9级；④用于其他性能等级。

3. 开槽圆柱头螺钉

表7－14－3　开槽圆柱头螺钉（GB/T 65—2000）

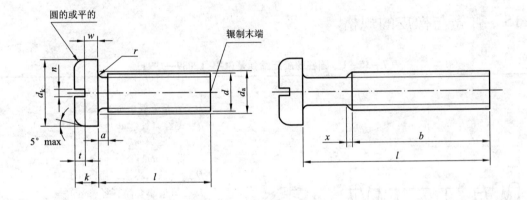

标记示例

螺纹规格 d＝M5、公称长度 l＝20mm、性能等级为4.8级、不经表面处理的 A 级开槽圆柱头螺钉的标记：

螺钉 GB/T65 M5×20

螺纹规格 d		M1.6	M2	M2.5	M3	（M3.5）	M4	M5	M6	M8	M10
P①		0.35	0.4	0.45	0.5	0.6	0.7	0.8	1	1.25	1.5
a	max	0.7	0.8	0.9	1	1.2	1.4	1.6	2	2.5	3
b	min	25	25	25	25	38	38	38	38	38	38
d_k	公称＝max	3.00	3.80	4.50	5.50	6.00	7.00	8.50	10.00	13.00	16.00
	min	2.86	3.62	4.32	5.32	5.82	6.78	8.28	9.78	12.73	15.73
d_a	max	2	2.6	3.1	3.6	4.1	4.7	5.7	6.8	9.2	11.2
k	公称＝max	1.10	1.40	1.80	2.00	2.40	2.60	3.30	3.9	5.0	6.0
	min	0.96	1.26	1.66	1.86	2.26	2.46	3.12	3.6	4.7	5.7
n	公称	0.4	0.5	0.6	0.8	1	1.2	1.2	1.6	2	2.5
	max	0.60	0.70	0.80	1.00	1.20	1.51	1.51	1.91	2.31	2.81
	min	0.46	0.56	0.66	0.86	1.06	1.26	1.26	1.66	2.06	2.56

螺纹规格 d		M1.6	M2	M2.5	M3	(M3.5)	M4	M5	M6	M8	M10
r	min	0.1	0.1	0.1	0.1	0.1	0.2	0.2	0.25	0.4	0.4
t	min	0.45	0.6	0.7	0.85	1	1.1	1.3	1.6	2	2.4
w	min	0.4	0.5	0.7	0.75	1.1	1.1	1.3	1.6	2	2.4
x	max	0.9	1	1.1	1.25	1.5	1.75	2	2.5	3.2	3.8
$l_{公称}$ (商品长度规格)		2 ~ 16	3 ~ 20	3 ~ 25	4 ~ 30	5 ~ 35	5 ~ 40	6 ~ 50	8 ~ 60	10 ~ 80	12 ~ 80

注：1. $l_{公称}$尺寸系列为：2、3、4、5、6、8、10、12、(14)、16、20、25、30、35、40、45、50、(55)、60、(65)、70、(75)、80mm。

2. 机械性能等级：钢——4.8、5.8；不锈钢——A2 – 50、A2 – 40；有色金属——CU2、CU3、AI4。

3. 尽可能不采用括号内的规格。

①P 为螺距。

7.15 弹簧与橡皮的规格

表 7 – 15 – 1   圆柱螺旋压缩弹簧(GB/T2089—1994)

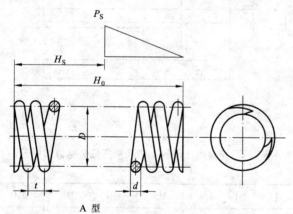

A 型

D = 弹簧外径(mm)
d = 钢丝直径(mm)
P_S = 试验负荷(N)
t = 节距(mm)
D_{xmax} = 最在芯轴直径(mm)
D_{Tmin} = 最小套筒直径(mm)
P' = 弹簧刚度(N/mm)
F_S = 试验负荷下变形量
F_1 = 最小允许工作负荷下的变形量(mm)
F_2 = 最大允许工作负荷下的变形量(mm)
H_0 = 弹簧自由长度(mm)
n = 有效圈数(圈)
L = 展开长度(mm)

标准示例：YA 型弹簧，材料直径 1.2mm，弹簧中径 8mm，自由高度 40mm，刚度、外径、自由高度的精度为 2 级，材料为炭素弹簧钢丝 B 级，表面镀锌处理的左旋弹簧。

标记：YA 1.2 × 8 × 40 – 2 左 GB/T 2089—1994

d	D	t	P_s	D_{xmax}	D_{Tmin}	H_0	n	P'	F_S	F_1	F_2	L
0.5	4	1.75	11.4	2.9	5.1	12	6.5	1.48	7.70	1.54	6.16	107
						22	12.5	0.772	14.8	2.96	11.8	182
						26	14.5	0.665	17.2	3.44	13.8	207
	6	3.16	7.62	4.5	7.5	14	4	0.714	10.7	2.14	8.56	113
						22	6.5	0.440	17.3	3.46	13.8	160

续表 7 – 15 – 1

d	D	t	P_s	D_{xmax}	D_{Tmin}	H_0	n	P'	F_S	F_1	F_2	L
0.8	6	2.34	28.7	4.2	7.8	13	4.5	4.16	6.91	1.38	5.53	123
						20	7.5	2.50	11.5	2.30	9.21	179
						32*	12.5	1.50	19.2	3.84	15.4	273
						38*	14.5	1.29	22.3	4.46	17.8	311
1.0	8	3.53	21.6	6.2	9.8	18	4.5	1.76	12.3	2.46	9.84	163
						30*	7.5	1.06	20.5	4.10	16.4	239
		3.12	40.9	6	10	20	5.5	3.51	11.7	2.34	9.36	189
						30*	8.5	2.27	18.0	3.60	14.1	264
	10	4.31	32.7	8	12	20	4	2.47	13.3	2.66	10.6	189
						30	6.5	1.52	21.5	4.30	17.2	267
	12					24	3.5	1.63	16.7	3.34	13.4	207
						35	7.5	1.32	24.8	4.96	19.7	298
1.6	10	3.55	126	7.4	12.6	24	5.5	11.8	10.7	2.14	8.56	236
						35	8.5	7.61	16.6	3.32	13.3	330
	12	4.41	105	8.4	15.6	22	4	9.36	11.2	2.24	8.96	226
						32	6.5	5.76	18.3	3.66	14.6	320
1.6	16	6.59	78.8	12.4	19.6	30	4	3.95	20.0	4.00	16.0	302
						40	5.5	2.87	27.5	5.50	22.0	376
						48	6.5	2.43	32.4	6.48	25.9	427
						60*	8.5	1.86	42.4	8.48	33.9	528
						70*	10.5	1.50	52.4	10.5	41.9	628
2	12	4.11	192	8	16	24	4.5	20.3	9.48	1.90	7.58	245
						35	7.5	12.2	15.8	3.16	12.6	358
	16	5.74	144	12	20	28	4	9.64	15.0	3.00	12.0	302
						38	5.4	7.01	20.6	4.12	16.5	377
						48	7.5	5.14	28.1	5.62	22.5	478
						55	8.5	4.54	31.8	6.36	25.4	528
						65*	10.5	3.67	39.3	7.86	31.4	729
						75*	12.5	3.09	46.8	9.36	37.4	729
	18	6.74	128	14	22	55	7.5	3.61	35.5	7.10	28.4	537
						65	8.5	3.19	40.3	8.06	32.2	549
						75*	10.5	2.58	49.8	9.96	39.8	707
	20	7.85	115	15	20	40	4.5	4.39	26.3	5.26	21.0	408
						48	5.5	3.59	32.2	6.44	25.8	471
						65	7.5	2.63	43.9	8.78	35.1	597
						75*	8.5	2.32	49.7	9.94	39.8	660
						90*	10.5	1.88	61.4	12.3	49.1	785
						120*	14.5	1.36	84.8	17.0	67.8	1037

d	D	t	P_s	D_{xmax}	D_{Tmin}	H_0	n	P′	F_S	F_1	F_2	L
2.5	16	5.40	273	11.5	20.5	30	4.5	20.9	13.0	2.60	10.4	327
						40	6.5	14.5	18.8	3.76	15.0	427
						48	7.5	12.6	21.5	4.34	17.4	478
						65*	10.5	8.97	30.4	6.08	24.3	628
						75*	12.5	7.53	36.2	7.24	29.0	729
	22	7.98	1.98	16.5	27.5	38	4	9.06	21.9	4.38	17.5	415
						50	5.5	6.59	30.1	6.02	24.1	518
						58	6.5	5.57	35.7	7.12	28.5	587
						65	7.5	4.83	41.1	8.22	32.9	657
						75	8.5	4.26	46.5	9.30	37.2	726
						90*	10.5	3.45	57.5	11.5	46.0	864
3.0	16	5.33	454	11	21	45	7.5	26.0	17.4	3.48	13.9	478
						52	8.5	23.0	19.8	3.96	15.8	528
	18	5.94	403	13	23	65*	10.5	18.6	24.4	4.88	19.5	628
						75*	12.5	15.6	29.1	5.82	23.3	729
						35	4.5	30.5	13.2	2.64	10.6	368
						45	6.5	21.1	19.1	3.82	15.3	481
						58	8.5	16.1	25.0	5.00	20.0	594
						70*	10.5	13.1	30.9	6.18	24.7	707
3.5	18	5.94	619	12.5	23.5	32	4	63.5	9.75	1.95	7.80	340
						40	5.5	46.2	13.4	2.68	10.7	424
						52	7.5	33.9	18.3	3.66	14.6	537
	20	6.51	557	13.5	26.5	38	4.5	41.2	13.5	2.70	10.8	408
						50	6.5	28.5	19.6	3.92	15.7	534
						58	7.5	24.7	22.6	4.52	18.1	597
						75*	10.5	17.6	31.6	6.32	25.3	785
3.5	22	7.14	506	15.5	28.5	38	4	34.8	14.6	2.92	11.7	415
						48	5.5	25.3	20.2	4.00	16.0	518
						62	7.5	18.6	27.3	5.46	21.8	657
						70	8.5	16.4	30.9	6.18	24.7	726

d	D	t	P_s	D_{xmax}	D_{Tmin}	H_0	n	P'	F_S	F_1	F_2	L
4.0	20	6.63	831	13	27	45	5.5	57.5	14.5	2.90	11.6	471
						58	7.5	42.5	19.7	3.94	15.8	597
						65	8.5	37.2	22.4	4.48	17.9	660
						80*	10.5	30.1	27.6	5.52	22.1	785
	22	7.18	756	15	29	48	5.5	57.5	17.5	3.50	14.0	518
						55	6.5	48.6	20.7	4.14	16.6	587
						70	8.5	37.2	27.1	5.42	21.7	726
						85*	10.5	30.1	33.4	6.68	26.7	864
	25	8.11	665	18	32	45	4.5	36.0	18.5	3.70	14.8	511
						55	5.5	29.4	22.6	4.52	18.1	589
						70	7.5	21.6	30.9	6.18	24.7	746
						80	8.5	19.0	35.0	7.00	28.0	825
	30	9.92	554	23	37	85	7.5	12.5	44.4	8.88	35.5	895
						95*	8.5	11.0	50.3	10.1	40.2	990
						115*	10.5	8.92	62.2	12.4	49.8	1178
						140*	12.5	7.49	74.0	14.8	59.2	1367
4.5	25	8.16	947	17.5	32.5	42	4	64.8	14.6	2.92	11.7	471
						55	5.5	47.1	20.1	4.02	16.1	589
						60	6.5	39.9	23.8	4.75	19.0	668
						70	7.5	34.6	27.4	5.48	21.9	746
	30	9.76	789	22.5	37.5	45	3.5	42.9	18.4	3.68	14.7	518
						52	4.5	33.3	23.7	4.74	18.9	613
						65	5.5	27.3	28.9	5.79	23.2	707
						80	7.5	20.2	39.5	7.89	31.6	895
5.0	25	8.29	1299	17	33	55	5.5	71.8	18.1	3.62	14.5	589
						65	6.5	60.8	21.4	4.28	17.1	668
						70	7.5	52.7	24.7	4.93	19.7	746
						80	8.5	46.5	28.0	5.59	22.4	825
	30	9.74	1083	22	8	50	4	57.1	18.9	3.79	15.2	565
						65	5.5	41.6	26.1	5.21	20.8	707
						75	6.5	35.2	30.8	6.16	24.6	801
						85	7.5	30.5	35.5	7.10	28.4	895
	35	11.5	928	26	44	60	4.5	32.0	29.0	5.80	23.2	715
						75	5.5	26.2	35.5	7.09	28.4	825
						85	6.5	22.1	41.9	8.38	33.5	935
						95	7.5	19.2	48.4	9.67	38.7	1045

注：1. 材料：65Mn、60Si2Mn，热处理硬度 40 ~ 48HRC，表面磷化处理。

2. 带"*"的系细长比大于3.7，应考虑设置心轴或套筒。

3. 标准：GB/T2089—1994。

表 7 – 15 – 2　聚胺酯弹性体（ GB/T 7650.9—1995）　　　mm

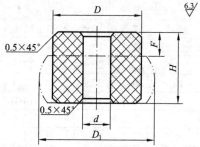

标记示例：
直径 $D = 32mm$、$d = 10.5mm$、厚度 $H = 25mm$ 的聚胺酯弹性体：
聚胺酯弹性体 $32 \times 10.5 \times 25$ JB/T7650.9—1995

D	d	H	D₁	D	d	H	D₁
16	6.5	12	21	45	12.5	25	58
20	8.5	12	26	45	12.5	32	58
25	8.5	16	33	45	12.5	40	58
25	8.5	20	33	60	16.5	20	78
32	10.5	16	42	60	16.5	25	78
32	10.5	20	42	60	16.5	32	78
32	10.5	25	42	60	16.5	40	78
45	12.5	20	58	60	16.5	50	78

表 7 – 15 – 3　压缩量与工作负荷参照表（ GB/T 7650.9—1995）

压缩量 F / mm	负荷/N								
工作负荷　D/mm	23	20	25			32			45
0.1H	167	294	500	441	461	824	726	686	1784
0.2H	392	608	1 098	1 000	1039	1 785	1 275	1 686	3 805
0.3H	677	1 059	1 932	1 804	1755	3 160	2 980	2 880	6 820
0.35H	863	1 363	2 480	2 310	2 250	4 040	3 820	3 730	8 730

压缩量 F / mm	负荷/N							
工作负荷　D/mm	45			60				
0.1H	1 690	1 600	1 650	3 560	2 920	2 820	3 650	2 650
0.2H	3 650	3 510	3 510	7 580	7 120	6 390	6 390	5 930
0.3H	6 390	6 080	5 880	14 100	12 460	11 500	10 950	10 590
0.35H	8 200	7 780	7 530	18 070	15 970	14 750	14 064	13 530

注：符号 D、F、H 见表 7 – 15 – 2 中图。

表 7 – 15 – 4　工作负荷修正系数（JB/T 7650.9—1995）

硬度 A	修正系数	硬度 A	修正系数	硬度 A	修正系数
75	0.843	79	0.966	83	1.116
76	0.873	80	1.00	84	1.212
77	0.903	81	1.035	85	1.270
78	0.943	82	1.071		

注：1. D_1 参考尺寸（$F = 0.3H$ 时的直径）。

2. 聚胺酯橡胶的硬度值有变化时，其工作负荷按表列修正系数进行修正。

第8章　冷冲模设计课题选编

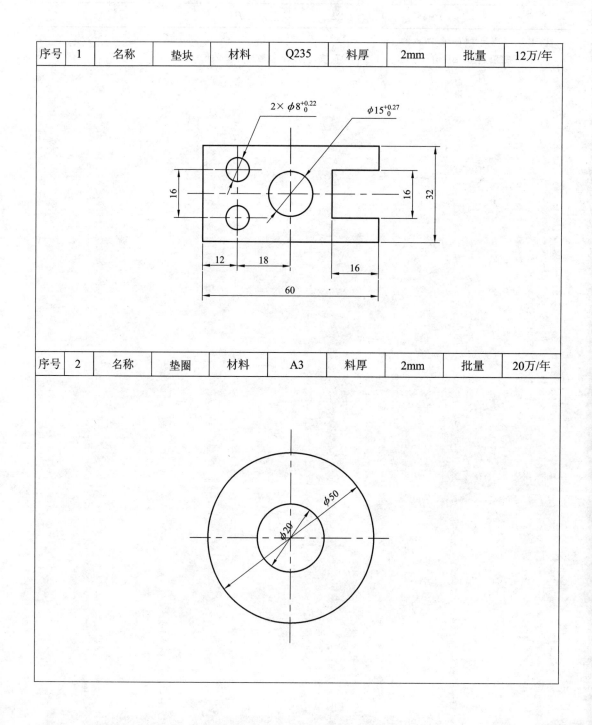

序号	1	名称	垫块	材料	Q235	料厚	2mm	批量	12万/年

序号	2	名称	垫圈	材料	A3	料厚	2mm	批量	20万/年

序号	3	名称	止动片	材料	H62	料厚	0.7mm	批量	大批量

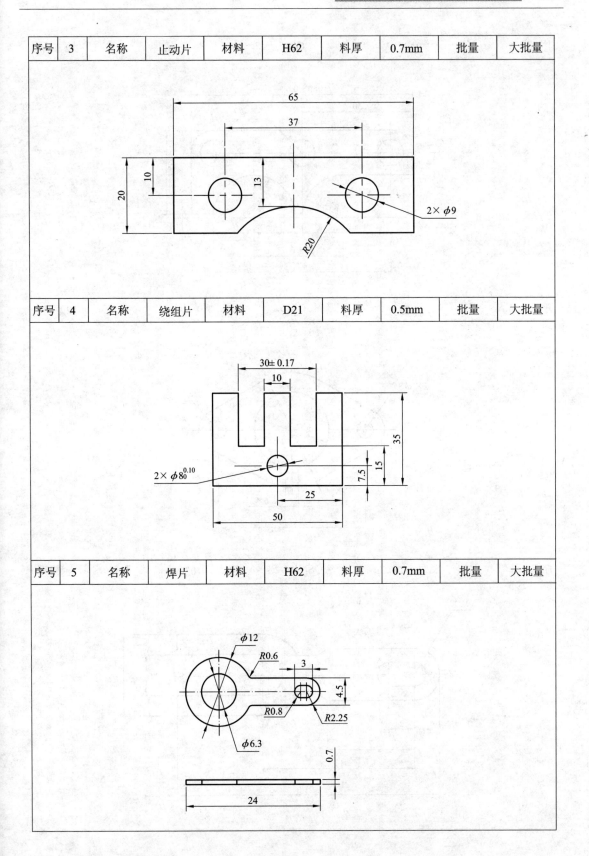

序号	4	名称	绕组片	材料	D21	料厚	0.5mm	批量	大批量

序号	5	名称	焊片	材料	H62	料厚	0.7mm	批量	大批量

序号	6	名称	垫片	材料	Q235	料厚	2mm	批量	12万/年

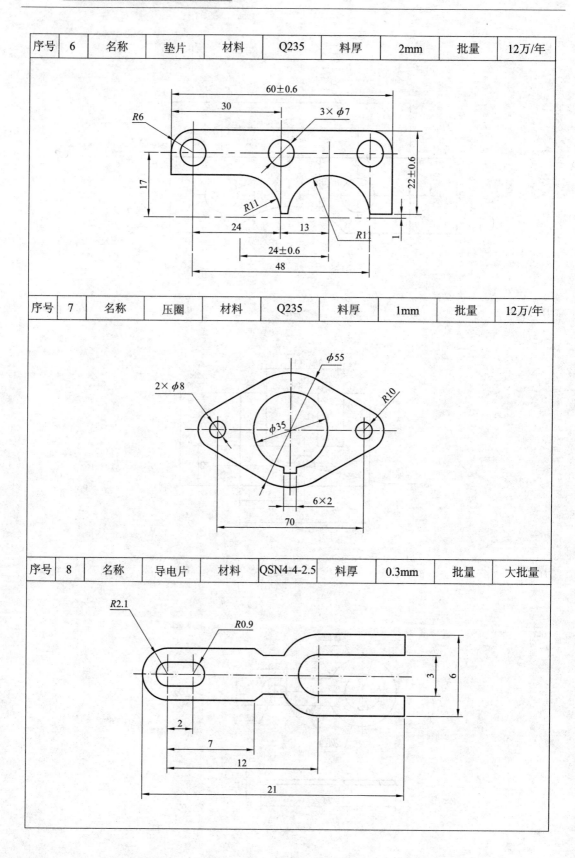

序号	7	名称	压圈	材料	Q235	料厚	1mm	批量	12万/年

序号	8	名称	导电片	材料	QSN4-4-2.5	料厚	0.3mm	批量	大批量

序号	9	名称	垫圈	材料	H62	料厚	1.5mm	批量	大批量

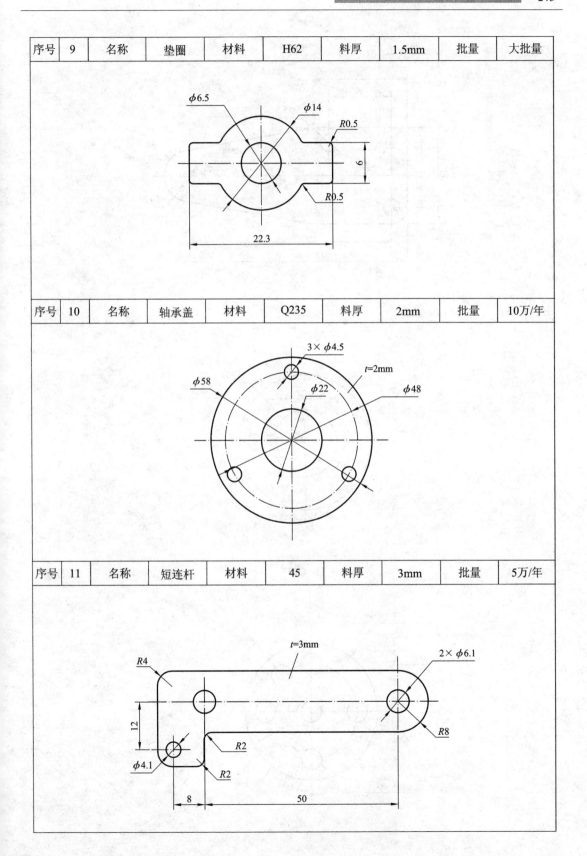

序号	10	名称	轴承盖	材料	Q235	料厚	2mm	批量	10万/年

序号	11	名称	短连杆	材料	45	料厚	3mm	批量	5万/年

序号	12	名称	后鼓轮板	材料	Q235	料厚	2mm	批量	10万/年

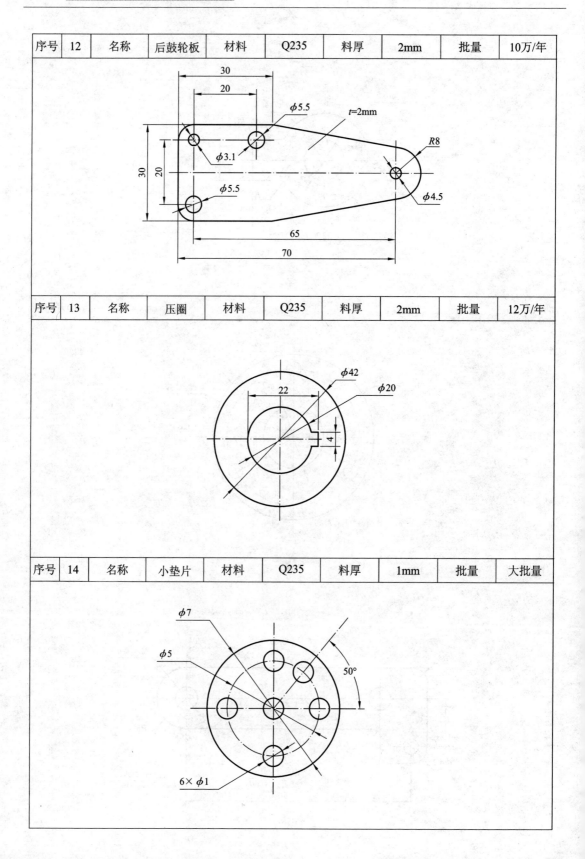

序号	13	名称	压圈	材料	Q235	料厚	2mm	批量	12万/年

序号	14	名称	小垫片	材料	Q235	料厚	1mm	批量	大批量

序号	15	名称	垫片	材料	A3	料厚	1mm	批量	12万/年

序号	16	名称	仪表指针	材料	LY12	料厚	0.3mm	批量	12万/年

序号	17	名称	限位片	材料	Q235	料厚	1mm	批量	5万/年

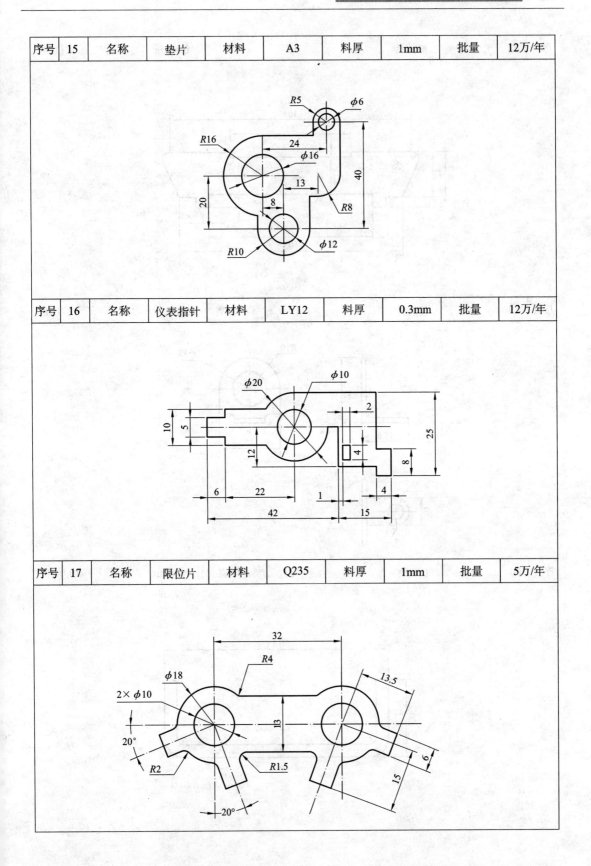

序号	18	名称	摩擦片	材料	15	料厚	0.6mm	批量	大批量

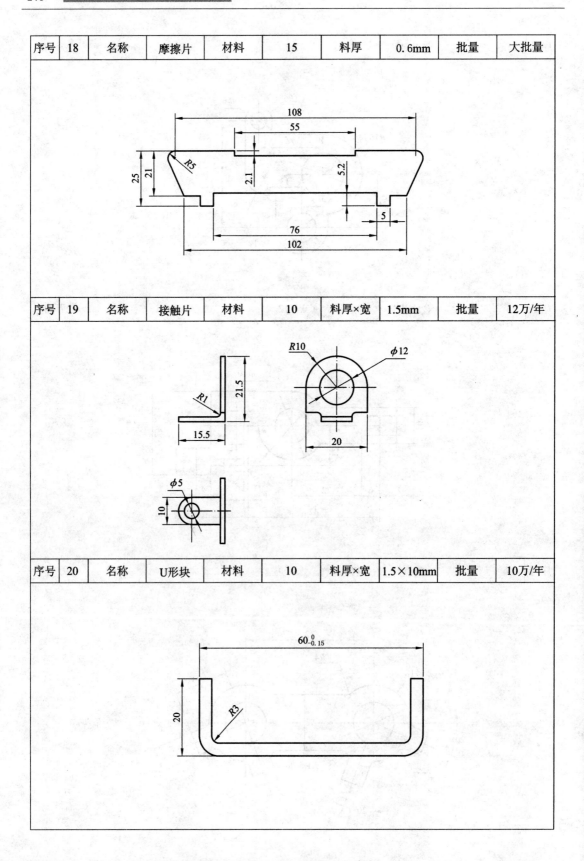

序号	19	名称	接触片	材料	10	料厚×宽	1.5mm	批量	12万/年

序号	20	名称	U形块	材料	10	料厚×宽	1.5×10mm	批量	10万/年

序号	21	名称	弯曲板	材料	H62	料厚	4mm	批量	大批量

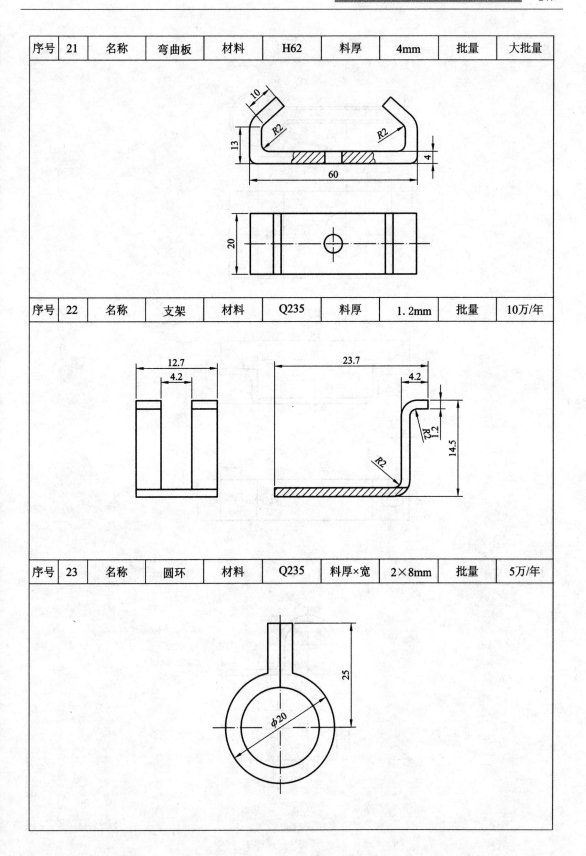

序号	22	名称	支架	材料	Q235	料厚	1.2mm	批量	10万/年

序号	23	名称	圆环	材料	Q235	料厚×宽	2×8mm	批量	5万/年

序号	24	名称	管夹片	材料	08	料厚	0.3	批量	大批量

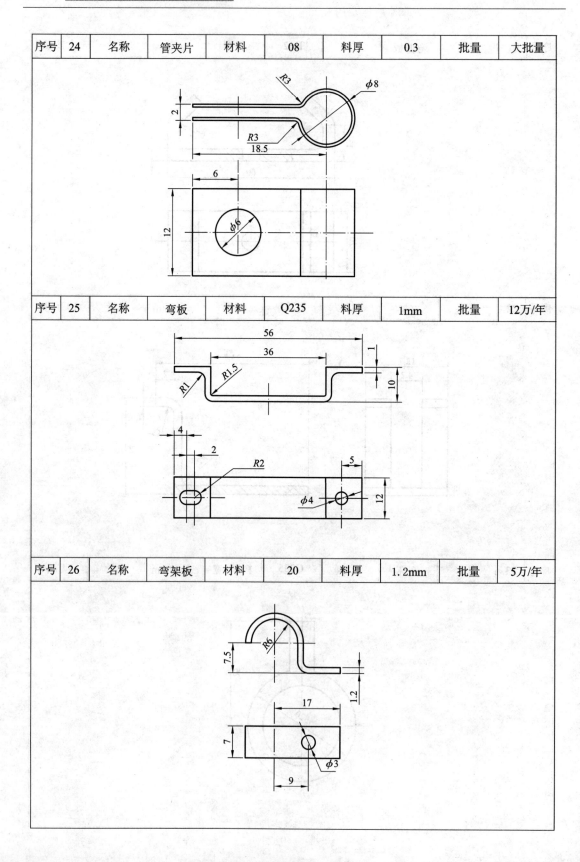

序号	25	名称	弯板	材料	Q235	料厚	1mm	批量	12万/年

序号	26	名称	弯架板	材料	20	料厚	1.2mm	批量	5万/年

序号	27	名称	弹簧片	材料	QSn4-3	料厚	0.5	批量	大批量

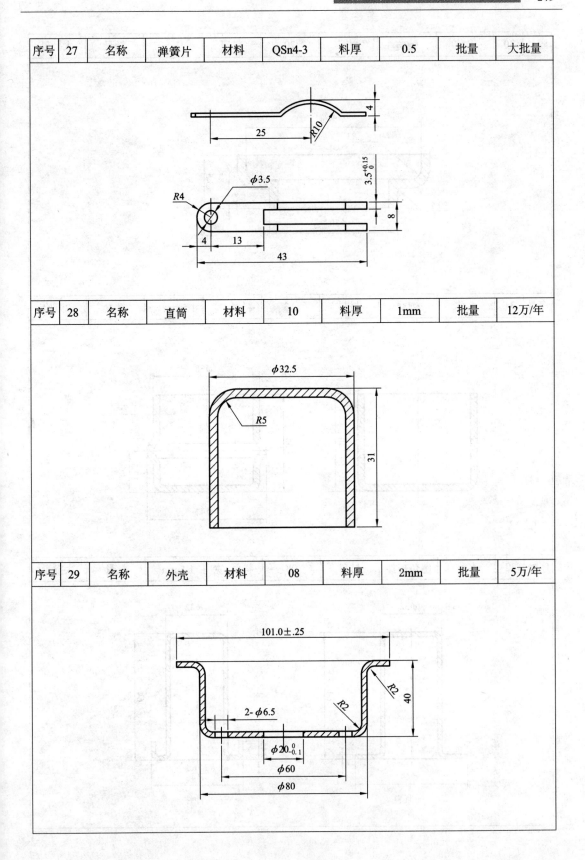

序号	28	名称	直筒	材料	10	料厚	1mm	批量	12万/年

序号	29	名称	外壳	材料	08	料厚	2mm	批量	5万/年

序号	30	名称	轴碗	材料	20	料厚	1.5	批量	大批量

序号	31	名称	钢套	材料	A3	料厚×宽	1.5mm	批量	12万/年

序号	32	名称	圆角形件	材料	08	料厚×宽	1.5mm	批量	大批量

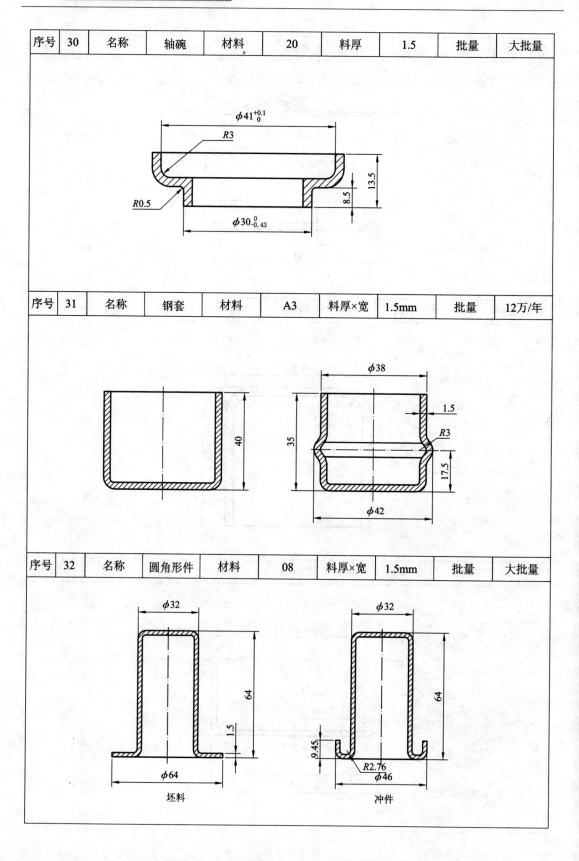

坯料　　　　　　　　　　冲件

参考文献

[1] 王孝培主编. 冲压手册(修订本). 北京:机械工业出版社,1990

[2] 冲模设计手册编写组. 冲模设计手册. 北京:机械工业出版社,1998

[3] 肖祥,王孝培主编. 中国模具工程大典(第四卷). 冲压模具设计. 北京:电子工业出版社,2006

[4] 曾霞文主编. 冷冲压工艺及模具设计. 长沙:中南大学出版社,2006

[5] 翁其金主编. 冷冲压技术. 北京:机械工业出版社,2001

[6] 姜华奎主编. 冲压工艺及模具设计. 北京:机械工业出版社,2000

[7] 丁松聚主编. 冷冲模设计. 北京:机械工业出版社,2000

[8] 孙凤勤主编. 冲压与塑压设备. 北京:机械工业出版社,2000

[9] 冯炳尧等主编. 实用模具设计与制造简明手册. 上海:上海科技出版社,1985

[10] 史铁梁主编. 模具设计指导. 北京:机械工业出版社,2003

[11] 杨占尧主编. 冲压模具典型结构图例. 北京:化学工业出版社,2007

[12] 杨占尧主编. 冲压模具图册. 北京:高等教育出版社,2002

[13] 李天佑主编. 冲模图册. 北京:机械工业出版社,1988

[14] 梅伶主编. 模具课程设计指导. 北京:机械工业出版社,2007